# バイオエタノールと世界の食料需給

小泉達治 著

筑波書房

# まえがき

　農産物を原料とするバイオエタノールのガソリンへの混合はエネルギー問題，環境問題，地域開発の目的から世界中で導入が進められている。特に，最近の国際原油価格の高騰による代替エネルギーとして，京都議定書の発効による地球規模での温暖化対策としてバイオエタノールの導入・普及に世界的関心が集まっている。一方，世界の食料需給動向は，広く人類全体にとっての関心事項であり，農林水産業研究の将来方向を左右する重要な研究課題である。こうした状況下，自動車燃料用需要としてのバイオエタノール需要の拡大が食料需給にどのような影響を与えるかについては世界的な関心事項として最近，急速に注目を集めている。

　本書は，こうした関心事項に応えるべく，世界最大のバイオエタノール生産国である米国，最大の輸出国であるブラジルをはじめ，中国，インド，タイ，EUそして日本におけるバイオエタノール需給と政策についての定性的分析を行うとともに，米国，ブラジルおよび中国等におけるバイオエタノール政策の拡大が国際食料需給に与える影響について，新規に開発した計量経済学モデルを活用して分析を行った。本書が，世界のバイオエタノール政策の展開と国際食料需給との関係についての関心を高め，幅広い読者の方々の理解を深める一助となれば幸いである。

2007年8月

小泉達治

目　次

まえがき……3

図および表目次……10

# 序　章　バイオエタノール政策導入の背景と本書の課題・構成………15
　第1節　問題の背景と本書の課題……15
　第2節　バイオエタノール政策導入の背景……16
　　（1）バイオエタノールの定義…16
　　（2）バイオエタノールの特性…17
　　（3）バイオエタノール政策導入の歴史的展開…21
　第3節　バイオエタノール需給と政策の国際的展開……23
　　（1）バイオエタノール供給…23
　　（2）原料作物…25
　　（3）バイオエタノール政策の国際的展開…26
　第4節　本書の構成……27

# 第1章　米国におけるバイオエタノール需給と政策 …………………31
　第1節　はじめに……31
　第2節　バイオエタノール政策の歴史的展開……32
　第3節　現行の政策とバイオエタノール・とうもろこし需給…35
　　（1）政策の導入目的…35
　　（2）バイオエタノール助成措置…36
　　（3）バイオエタノール需給…38
　　（4）バイオエタノール生産コスト…42

(5) 原料・副産物の需給…44
　第4節　今後の政策の展開方向および需給……50
　　(1)「2005年エネルギー政策法」による新たな政策展開…50
　　(2) 2006年および2007年米国大統領一般教書演説…52
　　(3) 各州におけるバイオエタノール最低使用基準導入…53
　　(4) 今後のバイオエタノール需給に影響を及ぼす要因…55
　　(5) バイオエタノール・とうもろこし需給展望…56
　第5節　結論……60

## 第2章　ブラジルにおけるバイオエタノール需給と政策……67
　第1節　はじめに……67
　第2節　ブラジルのバイオエタノール・砂糖政策の展開と需給……68
　　(1) 政策の展開…68
　　(2) バイオエタノール・砂糖需給…71
　　(3) バイオエタノール生産コスト…75
　第3節　バイオエタノール・砂糖の供給力を規定する要因……76
　第4節　今後のバイオエタノール・砂糖政策の展開方向と課題……78
　　(1) バイオエタノール政策の展開方向…78
　　(2) 砂糖政策の展開方向…81
　　(3) ブラジルにおけるバイオエタノール・さとうきび増産政策…83
　　(4) 今後のバイオエタノール・砂糖増産に伴う影響…83
　第5節　結論……86

## 第3章　中国およびその他の国・地域におけるバイオエタノール需給と政策……89
　第1節　中国におけるバイオエタノール需給と政策……89
　　(1) はじめに…89
　　(2) 中国におけるバイオエタノール政策…90

（3）今後予想される政策展開…*95*

  （4）とうもろこし需給への影響…*100*

  （5）結論…*102*

 第2節　その他の国・地域におけるバイオエタノール需給と政策……*105*

  （1）インド…*105*

  （2）EU…*106*

  （3）タイ…*112*

  （4）結論…*113*

# 第4章　日本におけるバイオエタノール需給と政策……………………*117*

 第1節　はじめに……*117*

 第2節　日本におけるバイオエタノール政策推進計画……*118*

  （1）バイオエタノール政策推進の背景…*118*

  （2）バイオエタノール政策の推進…*119*

  （3）関係府省の対応…*120*

  （4）京都議定書目標達成計画…*124*

  （5）「新バイオマス・ニッポン総合戦略」の決定…*125*

  （6）実証実験の取り組み…*126*

 第3節　今後の政策の展開と課題……*129*

  （1）今後の政策の展開方向…*129*

  （2）バイオエタノール普及に向けての課題…*131*

 第4節　結論……*136*

# 第5章　米国および中国におけるバイオエタノール政策の拡大が
# 　　　　国際とうもろこし需給に与える影響分析………………………*141*

 第1節　はじめに……*141*

 第2節　米国および中国におけるバイオエタノール政策・需給……*143*

  （1）米国…*143*

（2）中国…144
　第3節　世界とうもろこし需給予測モデル……145
　　（1）モデルの概要…145
　　（2）モデルの構造と推計方法…146
　　（3）国際需給均衡と価格伝達性…149
　第4節　世界とうもろこし需給予測（ベースライン予測）……150
　　（1）前提条件…150
　　（2）2015/16年度における世界とうもろこし需給（ベースライン予測）…151
　第5節　米国・中国におけるバイオエタノール政策の拡大が国際
　　　　とうもろこし需給に与える影響……155
　　（1）シナリオの設定…155
　　（2）国際とうもろこし需給への影響…159
　第6節　結論……164

# 第6章　ブラジルにおけるバイオエタノール輸出量の増大が国際砂糖需給に与える影響分析……………………………………………177
　第1節　はじめに……177
　第2節　世界砂糖需給予測モデル……179
　　（1）モデルの概要…179
　　（2）モデルの構造と推計方法…180
　　（3）国際需給均衡と価格伝達性…186
　第3節　世界砂糖需給予測（ベースライン予測）……188
　　（1）前提条件…188
　　（2）2015年における世界砂糖需給予測…189
　第4節　ブラジルにおけるバイオエタノール輸出量の増大が国際砂糖
　　　　需給に与える影響分析……191
　　（1）シナリオの設定…191
　　（2）国際砂糖需給への影響…192

第 5 節　結論……*194*

# 終　章　バイオエタノール政策の国際的展開と国際食料需給に与える影響についての考察……*207*
　第 1 節　各章の総括……*207*
　第 2 節　バイオエタノール政策の社会的・経済的意義と政策的含意……*213*
　第 3 節　バイオエタノール政策の拡大に伴う国際食料需給への影響……*214*
　第 4 節　今後の課題……*218*

引用文献……*223*
あとがき……*229*

## 図および表目次

図序-1 国際原油価格，国際粗糖価格およびエタノール価格の推移 …………………… 23
図序-2 世界のバイオエタノール生産量の推移 …………………………………………… 24
図序-3 世界主要国におけるバイオエタノール純輸出量の比較（2006年）…………… 24
図序-4 世界主要国・地域におけるバイオ燃料導入・推進状況 ……………………… 27
図1-1 米国におけるバイオエタノール政策推進の構図 ………………………………… 36
図1-2 米国におけるバイオエタノール生産ととうもろこし生産との関係（2004年時点）… 41
図1-3 米国における品目別バイオエタノール生産コスト（2002年時点）…………… 43
図1-4 バイオエタノール生産コストの国際比較 ………………………………………… 44
図1-5 バイオエタノール製造工程図 ……………………………………………………… 47
図1-6 米国における大豆ミール，DDGの価格の推移 ………………………………… 49
図2-1 ブラジルにおける燃料別自動車販売台数の推移 ………………………………… 73
図2-2 ブラジルにおけるバイオエタノール生産コストの推移 ………………………… 75
図2-3 ブラジルにおける砂糖・バイオエタノール製造工程概要 ……………………… 77
図2-4 さとうきび作付地域の拡大 ………………………………………………………… 84
図3-1-1 中国におけるバイオエタノール政策導入に係る概念図 ……………………… 91
図3-1-2 バイオエタノール製造コスト比較 ……………………………………………… 93
図3-1-3 中国における穀物生産量とバイオエタノール製造コストの関係 …………… 96
図3-1-4 中国におけるとうもろこし需給の推移 ………………………………………… 101
図4-1 日本におけるバイオエタノール生産コスト（2006年）………………………… 132
図5-1 世界とうもろこし需給予測モデルの概念図 ……………………………………… 146
図6-1 世界砂糖需給予測モデルの概念図 ………………………………………………… 181

表序-1 バイオエタノール使用による環境汚染物質の削減効果 ………………………… 20
表序-2 バイオエタノールの原料作物と生産量（2006年）……………………………… 25
表序-3 原料別バイオエタノール収量 ……………………………………………………… 26

## 図および表目次

| | | |
|---|---|---|
| 表1-1 | 米国におけるバイオエタノール政策の経緯 | 33 |
| 表1-2 | 各州におけるバイオエタノール生産者補助措置および燃料売上税控除措置 | 37 |
| 表1-3 | 米国におけるバイオエタノール需給の推移 | 39 |
| 表1-4 | 米国におけるフレックス車販売台数・E85需要量の推移 | 40 |
| 表1-5 | 米国のバイオエタノール生産能力の推移 | 41 |
| 表1-6 | 米国におけるとうもろこし需給の推移 | 45 |
| 表1-7 | RFS（再生可能燃料基準）における使用義務量の推移 | 51 |
| 表1-8 | 州法で決定されたバイオエタノール最低使用基準 | 54 |
| 表1-9 | 州法で審議中のバイオエタノール最低使用基準 | 54 |
| 表1-10 | 米国におけるとうもろこし需給予測（米国農務省） | 57 |
| 表2-1 | ブラジルにおける砂糖・バイオエタノール政策の推移 | 69 |
| 表2-2 | ブラジルにおけるバイオエタノール需給の推移 | 72 |
| 表2-3 | ブラジルにおける砂糖の需給 | 74 |
| 表2-4 | ブラジルにおけるさとうきび，砂糖およびバイオエタノール地域別生産量（2004/05年度） | 74 |
| 表2-5 | ブラジルにおける砂糖・バイオエタノール仕向け量および仕向け率の推移 | 78 |
| 表2-6 | EU25における砂糖需給予測 | 82 |
| 表2-7 | ブラジルにおける砂糖生産量の推移 | 83 |
| 表2-8 | サン・パウロ州耕作農地面積の推移 | 85 |
| 表3-1-1 | 中国におけるバイオエタノール政策推進計画 | 93 |
| 表3-1-2 | バイオエタノール用とうもろこし需要量予測（現状政策推進シナリオ） | 98 |
| 表3-1-3 | バイオエタノール用とうもろこし需要量予測（9省完全実施シナリオ） | 98 |
| 表3-1-4 | 中国におけるキャッサバ需給の推移 | 102 |
| 表3-2-1 | EU各国におけるバイオエタノールへの燃料税控除 | 108 |
| 表3-2-2 | 輸送用燃料に占めるバイオ燃料のシェアおよび目標値 | 109 |
| 表3-2-3 | EU25におけるバイオエタノール需給の推移 | 111 |
| 表3-2-4 | EU25におけるバイオディーゼル需給の推移 | 111 |
| 表4-1 | 各地域におけるバイオエタノール導入実証実験例 | 126 |

| | | |
|---|---|---|
| 表4-2 | 中長期的観点からの国産バイオ燃料生産可能量 | 130 |
| 表4-3 | 日本における農産物からのバイオエタノール最大生産可能量 | 134 |
| 表5-1 | 米国におけるバイオエタノール最低使用基準導入によるバイオエタノール需要量の推移（ベースライン予測） | 152 |
| 表5-2 | 中国におけるバイオエタノール向けとうもろこし需要量予測（ベースライン予測） | 154 |
| 表5-3 | 米国における追加バイオエタノール需要量予測（シナリオ1） | 156 |
| 表5-4 | 中国におけるバイオエタノール向けとうもろこし需要量予測（シナリオ2） | 158 |
| 表5-5 | とうもろこし需要量への影響（シナリオ1） | 162 |
| 表5-6 | とうもろこし生産量への影響（シナリオ1） | 162 |
| 表5-7 | とうもろこし輸出量への影響（シナリオ1） | 162 |
| 表5-8 | とうもろこし輸入量への影響（シナリオ1） | 162 |
| 表5-9 | とうもろこし価格への影響（シナリオ1） | 162 |
| 表5-10 | とうもろこし需要量への影響（シナリオ2） | 162 |
| 表5-11 | とうもろこし生産量への影響（シナリオ2） | 162 |
| 表5-12 | とうもろこし輸出量への影響（シナリオ2） | 162 |
| 表5-13 | とうもろこし輸入量への影響（シナリオ2） | 162 |
| 表5-14 | とうもろこし価格への影響（シナリオ2） | 162 |
| 表5-15 | とうもろこし需要量への影響（シナリオ3） | 163 |
| 表5-16 | とうもろこし生産量への影響（シナリオ3） | 163 |
| 表5-17 | とうもろこし輸出量への影響（シナリオ3） | 163 |
| 表5-18 | とうもろこし輸入量への影響（シナリオ3） | 163 |
| 表5-19 | とうもろこし価格への影響（シナリオ3） | 163 |
| 表5-20 | パラメータ推計値 | 170 |
| 表5-21 | 外生変数 | 172 |
| 表5-22 | とうもろこし価格（内生変数） | 172 |
| 表5-23 | とうもろこし生産量の推移 | 173 |
| 表5-24 | とうもろこし需要量の推移 | 173 |
| 表5-25 | とうもろこし輸出量の推移 | 173 |

図および表目次

表5-26 とうもろこし輸入量の推移 …………………………………………………*173*
表6-1 日本におけるガソリン需要量およびバイオエタノール需要量の推移（予測）……*193*
表6-2 ブラジルバイオエタノール需給への影響（シナリオ）………………………*193*
表6-3 砂糖生産量への影響（シナリオ）……………………………………………*193*
表6-4 砂糖需要量への影響（シナリオ）……………………………………………*193*
表6-5 砂糖輸出量への影響（シナリオ）……………………………………………*193*
表6-6 砂糖輸入量への影響（シナリオ）……………………………………………*193*
表6-7 砂糖価格への影響（シナリオ）………………………………………………*193*
表6-8 パラメータ推計値………………………………………………………………*198*
表6-9 外生変数…………………………………………………………………………*200*
表6-10 砂糖価格（内生変数）…………………………………………………………*200*
表6-11 砂糖生産量の推移………………………………………………………………*201*
表6-12 砂糖需要量の推移………………………………………………………………*201*
表6-13 砂糖輸出量の推移………………………………………………………………*201*
表6-14 砂糖輸入量の推移………………………………………………………………*201*
表6-15 ブラジルバイオエタノール需給の推移………………………………………*202*

序　章

# バイオエタノール政策導入の背景と本書の課題・構成

## 第1節　問題の背景と本書の課題

　バイオエタノールのガソリンへの混合は，エネルギー問題，環境問題，地域開発の目的から世界中で導入が進められている。特に，最近の国際原油価格の高騰により，代替エネルギーとしてのバイオエタノールに世界的な関心が集まっている。また，京都議定書の発効により，地球規模での温暖化対策として二酸化炭素抑制に効果のあるバイオマスエネルギーに世界的な関心が集まっている。このため，世界中でバイオエタノールのガソリンへの混合計画が進められており，さらに，これまで普及が進んでいた国でもさらにバイオエタノールの普及拡大，増産および輸出の拡大を図っている。1930年代からさとうきびを原料とするバイオエタノール生産・普及を行ってきたブラジルでも，今後，バイオエタノールの輸出拡大を主とする政策を推進している。また，米国では，ブッシュ大統領が2006年1月31日の一般教書演説の中で，米国経済は「石油依存症」の状態にあり，石油依存度を下げる重要性を強調した。この対策として，同大統領は2012年までにバイオエタノール燃料の実用化や石油代替エネルギーの技術開発を重点項目として示した。バイオエタノールが，大統領一般教書演説で言及されることは極めて異例のことであり，米国がいかにバイオエタノールの重要性を認識しているかが窺える。日本で

も2006年3月に新たな「バイオマス・ニッポン総合戦略」が発表され，バイオエタノールについても国内生産の実証実験が開始されるとともに，普及の拡大が計画されている。

本書の課題は，世界中で進められているガソリン混合燃料としてのバイオエタノールの普及および生産振興を主とするバイオエタノール政策の展開と課題を明らかにするとともに，政策の推進が，原料となる食料の国際需給に与える影響について試算を行い，政策の拡大がもたらす食料とエネルギーの競合を主とする課題について考察を行うことである。

分析に当たっては，まず，米国，ブラジル，中国，インド，EU，タイそして日本におけるバイオエタノール政策と需給，そして原料農産物需給に与える要因を明らかにする。特に，現在，バイオエタノール政策が拡大過程にある米国，ブラジル，中国については，現地調査を行い，各国別分析から得られた政策の展望と原料農産物需給に与える要因について明らかにするとともに，これらの結果をベースライン予測の前提，ベースライン予測の代替となるシナリオとして設定し，原料となる食料の国際需給に与える影響を明らかにするために，新たに筆者が開発した「世界とうもろこし需給予測モデル」，「世界砂糖需給予測モデル」を用いて影響試算を行う。

## 第2節　バイオエタノール政策導入の背景

### (1) バイオエタノールの定義

バイオマス（Biomass）とは，重量またはエネルギー量で示す生物体の量，あるいはエネルギーや工業原料の資源としてみた生物体としての資源を意味する。バイオエネルギー（Bioenergy）とは，エネルギーとしてみたバイオマスを化学反応させて得られるエネルギーを意味する（山地・山本・藤野2000）。なお，バイオマスという言葉を最初に学術文献に使用したのはBogorov（1934）である（横山　2001）。

バイオエネルギーは利用の形態により，在来型バイオエネルギーと新型バ

序章　バイオエタノール政策導入の背景と本書の課題・構成

イオエネルギーに分類することが出来る。このうち，前者は主に家庭の小規模な設備（コンロ，暖房）で使用される低エネルギー効率（主に15％以下）の非商業的エネルギーであり，後者はより高度なエネルギー利用効率を有する商業的エネルギーであり，近代的で高効率の設備を用い，主として産業用として使用される（山地・山本・藤野　2000）。

　この新型バイオエネルギーのうち，自動車用バイオマス燃料としてはバイオエタノール，バイオディーゼルが普及している。また，この他にも廃材，わら，堆肥のようなバイオマスを原料とした液体燃料であるBTL（バイオ・ツー・リキッド）もあるが，現在，実験段階で実用化には時間がかかるものと考えられる。バイオディーゼルとは，ディーゼルエンジン用軽油の代替燃料として植物油を原料とする燃料である。このバイオディーゼルには，なたね油，大豆油，ココナッツ油のような植物油が原料として使用されている。また，この他にもメタノール車や燃料電池車といった代替燃料車があるものの，メタノール車については環境の問題から，燃料電池車は実用化に時間がかかる点から現段階ではバイオエタノールに優位性がある[1]。

　バイオエタノールとは，さとうきびのような糖質原料やとうもろこしのような澱粉質原料を発酵・蒸留して製造されるものである。一般にはエタノールは石油や天然ガスのような化石燃料から合成して製造される「合成エタノール」もあるが，このような「合成エタノール」と区別するためにバイオマス資源によるエタノールを「バイオエタノール」と呼ぶ。本書ではこのバイオエタノールを対象とする。また，用途としては自動車燃料用のバイオエタノールを対象とする。また，本書では，燃料用のバイオエタノールの普及・生産振興に関する各国政府からの政策を「バイオエタノール政策」と呼ぶ。

　バイオエタノールのガソリンへの混合は，エネルギー問題，環境問題，地域開発の目的から世界中で導入が進められている。

## (2) バイオエタノールの特性

　バイオエタノールは，化石燃料と異なる以下の特徴がある。

1 ) 再生可能エネルギー

再生可能エネルギーとは，地球上にある自然のエネルギーを電力や熱に変換することを指す。化石燃料は化石資源の埋蔵量の制約を受けているのに対して，バイオエタノールは植物を原料としているため，半永久的に枯渇することはない。また，化石燃料のように地域的に偏在せず，地球規模に広く原料が分布しており，石油のような「地政学的リスク」を回避出来るといった特徴もある。

2 ) カーボンニュートラル

植物は地中から水を，大気から二酸化炭素を取り込み，光のエネルギーを利用し，光合成を行って成長する。バイオエタノールをエネルギーとして使用し，燃焼によって二酸化炭素を放出しても，植物が大気中の二酸化炭素を吸収して成長することから，最終的には二酸化炭素を増加させない重要な性質がある。つまり，バイオエタノールを自動車用燃料として使用し，放出した二酸化炭素は成長過程で吸収した二酸化炭素を放出していることになる。この構造を「カーボンニュートラル」（$CO_2$ニュートラル）という。二酸化炭素の増加が地球温暖化による気候変動の原因となっていることからも，バイオエタノールの使用増加は地球温暖化防止に役立つという観点から，バイオエタノールがカーボンニュートラルという特性を持つ意味は極めて重要である。

3 ) ガソリンの代替によるエネルギー自給率の向上

バイオエタノールをガソリンの代替燃料として使用することにより，ガソリンの需要量を低減することが可能である。バイオエタノールを自動車用燃料として使用する場合，濃度100%（ブラジル），85%（米国），20～25%（ブラジル），10～20%（米国，中国），5%（インド，スウェーデン）および3%（日本）としての使用方法がある。

このうち，濃度85～100%はエンジンおよび吸気口をバイオエタノール仕

様にする必要がある。また，濃度10～25％についてもガソリンとバイオエタノール混合（ガソホール）使用のための改造が必要であるが，3～5％の混合なら通常の自動車の仕様で走行することが可能で，改造の必要はない。

　また，バイオエタノールの「エネルギー収支」[2]について，ブラジルのバイオエタノールを例にとると，さとうきび1トンからバイオエタノールを生産する場合，さとうきびの生産に202MJ（メガ・ジュール，10の6乗ジュール），バイオエタノール生産に49MJの化石エネルギーが消費されていて，その合計値は251MJである。一方，さとうきび1トンから得られるバイオエタノールが持つエネルギー量は1,921MJである。従って，エネルギー収支は1,921MJ（得られたエネルギー量）÷251MJ（投入されたエネルギー量）から7.6という数値が得られる。つまり，さとうきびからバイオエタノールを生産するとそのエネルギー収支は7.6となる（大聖・三井物産　2004）。

　これに対して，ガソリンについて産油国で原油を採掘，タンカーで日本へ輸送され，国内でガソリンに精製される場合では，ガソリンが持つエネルギー1単位に対して15％程度の化石エネルギーが投入されるため，1（得られたエネルギー量）÷0.15（投入されたエネルギー量）から6.7という数値が得られる（大聖・三井物産　2004）。以上より，バイオエタノールのエネルギー収支7.6に対してガソリンは6.7であり，バイオエタノールの方がガソリンに比べてエネルギー収支が優れていることがわかる。

　バイオエタノールをガソリンの代替燃料として使用することは，原油の需要量を削減することにより，エネルギー不足を緩和し，石油時代を引き延ばすことが出来る点で地球規模での「エネルギー安全保障」にとって重要である。また，バイオエタノールをガソリンの代替燃料として使用することは，日本のように原油を輸入に依存している国のエネルギー自給率向上にも寄与するとともに，貿易収支の改善にも寄与することが期待出来る。

4）大気汚染の防止

　バイオエタノールの自動車燃料としての使用には，先の「カーボンニュー

表序-1 バイオエタノール使用による
環境汚染物質の削減効果

| 汚染物質名 | E100 | E20 |
|---|---|---|
| 一酸化炭素 | −47% | −12% |
| 炭化水素 | −67% | −20% |
| 粒子性物質 | −48% | −12% |

(資料) EPA (2002)。
(注) E100とはバイオエタノールのみの燃料，E20とはガソリンに対してバイオエタノールを20%混合する燃料のこと。

トラル」の他に，一酸化炭素，二酸化硫黄，そして浮遊粒子物質の排出量抑制といった大気汚染防止の効果も有する。特に，バイオエタノールをガソリンに加えると燃料中に酸素が加わり，エンジン内における燃料の完全燃焼を促し，一酸化炭素の排出を抑制することが出来る。米国環境保護局（EPA）の調査によると，ガソリン100%使用に比べて，バイオエタノール100%使用の場合（E100）は，一酸化炭素を47%削減，バイオエタノール20%をガソリンに混合した場合（E20）は，一酸化炭素を12%削減することが出来る。この他に炭化水素，粒子性物質についても同様に削減効果を有する（表序-1）。

### 5）燃料としてのオクタン価向上

バイオエタノールの自動車燃料としての使用には，オクタン価向上の効果がある。このオクタン価とは，石油燃料を内燃機関で燃焼させたときに安定して燃焼する性能（アンチノック性）を数値化したもので，数値が高い程，安定して燃焼することを意味し，出力の安定および向上に寄与出来る。一般的にはガソリンのオクタン価が89に対して，バイオエタノールは110と高い点においてバイオエタノールを導入するメリットがある。

### 6）農業・農村の振興およびその他

バイオエタノールの生産は，農産物に対して新規の市場を創出し，農業・農村経済の活性化の効果がある。米国の研究事例では，Evans（1997）が，米国におけるバイオエタノール産業は，農家純収入の増加，雇用の創出，貿易収支の改善，州税の増加，農業補助措置の削減による連邦税の支出抑制につながることを発表した。また，同様の研究結果をBryan（1992），Gallagherほか（2001）およびOtto, Imerman and Kolmer（1991）が発表し

序章　バイオエタノール政策導入の背景と本書の課題・構成

た。また，バイオエタノールの生産は，余剰農産物の処理機能の他に，廃棄物から生産される場合は廃棄物の量と処理費用を削減し，資源の有効利用を実現することが期待出来る。このことは，地域の「循環型社会」[3]を促すことが出来る。

### 7）バイオエタノールの有する問題

　以上のようなバイオエタノール導入のメリットに対して，バイオエタノール導入のデメリットもある。まずは，バイオエタノールはブラジルを除いてガソリンに比べて製造コストが高いことがあげられる[4]。また，バイオエタノールをガソリンに混合するコストがかかること[5]，エネルギーレベルが低いこと[6]，植物を主原料とするため供給に季節性がある上に，天候により原料が安定しないこと，食料との競合があげられる（横山　2001）。これらの点について，再度，終章にて考察を行いたい。

## （3）バイオエタノール政策導入の歴史的展開

　古代からバイオエタノールは酒として利用されていたが，19世紀にはランプ用燃料としても利用された（大聖・三井物産　2004）。20世紀初頭には米国およびブラジルにおいて燃料用としてのバイオエタノールの研究が開始された。まず，米国では，ヘンリー・フォードが開発した1919年製T型フォードは，燃料としてとうもろこしから製造したバイオエタノールが使用されていた。しかしながら，主として酒類として消費されたバイオエタノールには，当時，高い税率が課されたことから，1919年製T型フォードへの燃料としての使用は断念された。

　また，ブラジルでは，さとうきびから製造したバイオエタノールの研究開発が20世紀初頭から開始され，1931年にブラジル政府はガソリンへのバイオエタノール混合（5％）の義務付けを行った。1933年には政府関係機関により，バイオエタノール市場の本格的な産業育成を開始した。

　その後，このバイオエタノールが脚光を浴びるのは，1973年10月に石油輸

出国機構（OPEC）による原油公示価格の引き上げと，輸出規制に伴う第1次オイルショックを契機とする原油価格の高騰である。これにより，国際原油価格は1973年に4ドル/バレルから14ドル/バレルへと高騰した。この国際原油価格高騰は原油を輸入に依存している米国やブラジルをはじめとする国・地域の経済に多大なる悪影響を及ぼした。

ブラジルでは1973年の国際原油価格の高騰により，当時，76.9%と原油輸入依存度の高かったブラジル経済は大きな打撃を受けた。このため，石油輸入を抑制し，ガソリンの代替燃料としてさとうきびから生産されるバイオエタノールの使用を拡大することを主目的として，1975年には自動車バイオエタノール燃料の導入・普及を促進するプロアルコール（PROALCOOL）政策が開始された[7]。

また，米国でも第1次石油危機以降，バイオエタノールは代替エネルギーとして脚光を浴びることとなった。1977年には，「大気浄化法」（Clean Air Act）の改正が行われ，同法により含酸素燃料であるバイオエタノールの使用を米国政府が初めて認可した。その後の1990年の改正大気浄化法の施行，MTBE（メチル・ターシャリー・ブチル・エーテル）[8]規制によるバイオエタノールへの代替の動き，そして最近の国際原油価格上昇の動きを受けて，バイオエタノールの生産が急速に拡大している[9]。

国際原油価格（WTI：ウェスト・テキサス・インターメディエイト），エタノール価格（ブラジル国内無水エタノール価格）および国際粗糖価格（New York No.11）を比較した場合，特に，2004年以降では連動性が高まっている[10]（図序-1）。

さらに，最近では，国際原油価格の高騰や京都議定書の発効により，地球規模での温暖化対策として二酸化炭素抑制に効果のあるバイオマスエネルギーに世界的関心が集まっている。このため，世界中でバイオエタノールのガソリンへの混合や生産を行う計画が進められているとともに，ブラジルおよび米国でもさらなるバイオエタノールの普及および生産の拡大が進められている。

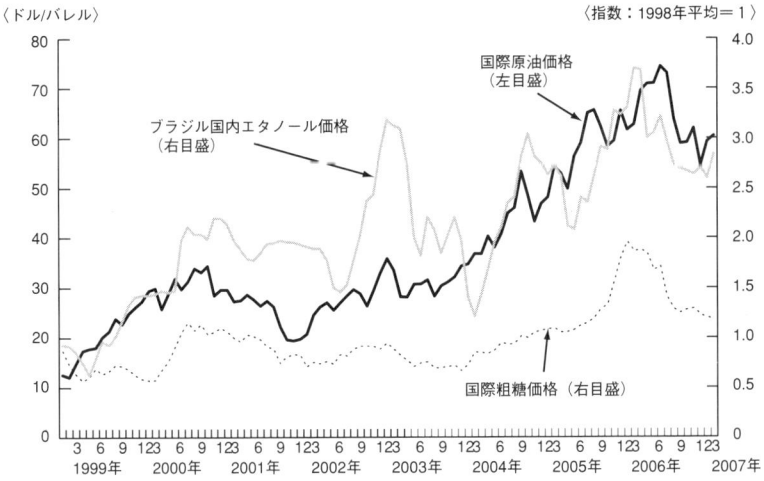

図序-1　国際原油価格，国際粗糖価格およびエタノール価格の推移
（資料）国際原油価格については，UEDE-EIA(2006b)，国際粗糖価格についてはUSDA-ERS (2007)，ブラジル国内エタノール価格はUEDA-FAS(2007a)。
（注）国際原油価格はWTI，国際粗糖価格はNew York No.11,f.o.b.。

## 第3節　バイオエタノール需給と政策の国際的展開

### (1) バイオエタノール供給

　図序-2の世界のバイオエタノール生産量[11]の推移をみてみると，1998年の3,217万キロリットルから2006年の5,132万キロリットルへと増大していることがわかる。世界最大の生産国は米国の1,985万キロリットルであり，次いでブラジルの1,783万キロリットルである（F.O. Licht 2007）。ブラジルと米国で世界の生産量の7割（73.4%）を占めている。特に，1998年から2006年にかけては，ブラジルの年平均1.7%の増加に対して，米国は同12.9%の増加であり，急速に生産量が拡大していることがわかる。

　また，各国の純輸出量をみると，ブラジルが2002年において76万キロリットルの純輸出量を有しており，世界の輸出量の25%を占めている。ブラジルの他は，ほとんどの国が十分な純輸出量を確保していない。2006年における

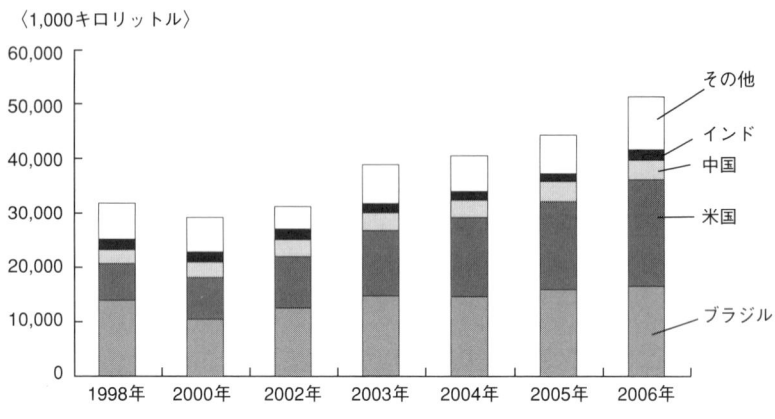

**図序-2 世界のバイオエタノール生産量の推移**
(資料) F. O. Licht (2007)。

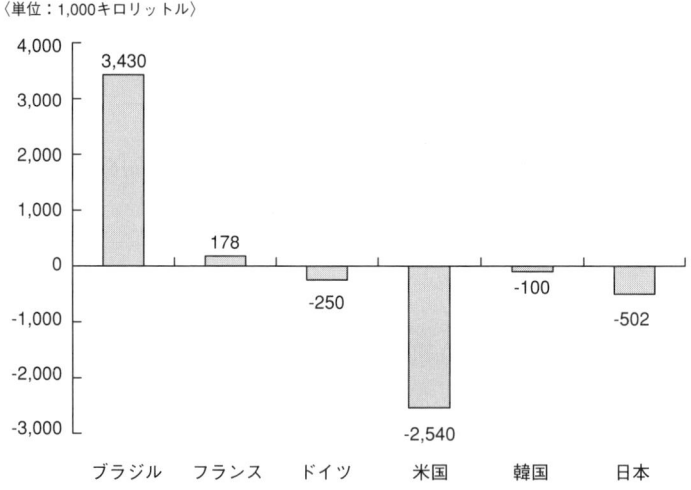

**図序-3 世界主要国におけるバイオエタノール純輸出量の比較 (2006年)**
(資料) F.O.Licht (2007)

　日本の純輸入量は50万キロリットルであり，米国の純輸入量は254万キロリットルと最大のバイオエタノール純輸入国である（F.O. Licht 2007）（図序-3）。

## (2) 原料作物

バイオエタノールの原料は穀物と甘味資源作物が主である[12]。ブラジルではさとうきびからバイオエタノールを生産，米国ではとうもろこしから，中国ではとうもろこしおよび小麦から生産している（表序-2）。バイオエタノールの原料としては穀物が約6割を占め，甘味資源作物が約4割を占めている。

原料別のバイオエタノール収量については，とうもろこしが重量当たり396.4リットル／トンと重量当たり最大の収量であり，さとうきびは56.8リットル／トンになる。一方で，耕地面積当たりのバイオエタノール収量をみてみると，さとうきびは5,191リットル／haと最大の収量であり，とうもろこしは2,133リットル／haとなる（表序-3）。このように，土地面積単位では，さとうきびからのバイオエタノール生産に優位性があり，重量単位では，とうもろこしからのバイオエタノール生産に優位性がある。このため，農地面積が豊富にある国ではさとうきびを選択し，単収が高く生産量が多い国はとうもろこしを選択することになる。

穀物原料を使用したバイオエタノールの製造工程については，一般には原料の粉砕，糖化，発酵，蒸留により製造されるが，甘味資源作物を使用した場合は，糖化の工程は省かれる[13]。

表序-2　バイオエタノールの原料作物と生産量（2006年）
（単位：1,000キロリットル）

| 生産国 | 主原料 | エタノール生産量 |
|---|---|---|
| 米国 | とうもろこし | 19,854 |
| ブラジル | さとうきび | 17,829 |
| 中国 | とうもろこし，小麦 | 3,550 |
| インド | さとうきび（糖蜜） | 1,650 |
| フランス | てんさい，小麦 | 950 |
| ドイツ | てんさい，小麦 | 755 |
| スペイン | 小麦 | 472 |
| タイ | キャッサバ，さとうきび（糖蜜） | 383 |
| 豪州 | さとうきび，とうもろこし | 149 |

（資料）F. O. Licht（2007）

表序-3 原料別バイオエタノール収量

| | 重量当たりのバイオエタノール収量<br>（リットル/トン） | 耕地面積当たりのバイオエタノール収量<br>（リットル/ha） |
|---|---|---|
| とうもろこし | 396.4 | 2,133 |
| さとうきび | 56.8 | 5,191 |
| 大麦 | 333.1 | 861 |
| グレインソルガム | 325.5 | 1,263 |
| 小麦 | 302.8 | 692 |
| 米 | 302.8 | 1,637 |
| ライ麦 | 299 | 505 |
| オーツ麦 | 242.3 | 533 |
| サツマイモ | 128.7 | 1,777 |
| ジャガイモ | 87.1 | 2,797 |
| てんさい | 83.3 | 3,854 |

（資料）大聖・三井物産（2004），USDA（2002b）より作成。

## （3）バイオエタノール政策の国際的展開

　バイオエタノールの生産・利用は，エネルギー問題，環境問題への対応から米国およびブラジル以外にも，世界中で普及しつつある（図序-4）。中国では，とうもろこしおよび小麦を原料とするバイオエタノールの生産が2002年より開始され，現在9省でバイオエタノール10%がガソリンに混合（E10）されている。インドでは，2003年から9州および4直轄領でバイオエタノール5％（E5）がガソリンに混合されている。EUでは，フランスがてんさい，小麦等を原料とするバイオエタノールからETBE（エチル・ターシャリー・ブチル・エーテル）[14)]を生産しており，このETBEがガソリンに添加剤として使用されている。スウェーデンでは，小麦を原料としてバイオエタノールを生産しており，E5が普及しているとともに，一部ではE10が導入されている。

　タイでは，キャッサバやさとうきびからの糖蜜を原料とするバイオエタノールの生産が進められている。また，日本でもバイオエタノールの普及の拡大が計画されている。なお，これらのバイオエタノール政策の展開の詳細については第1，2，3および4章で紹介する。

序章　バイオエタノール政策導入の背景と本書の課題・構成

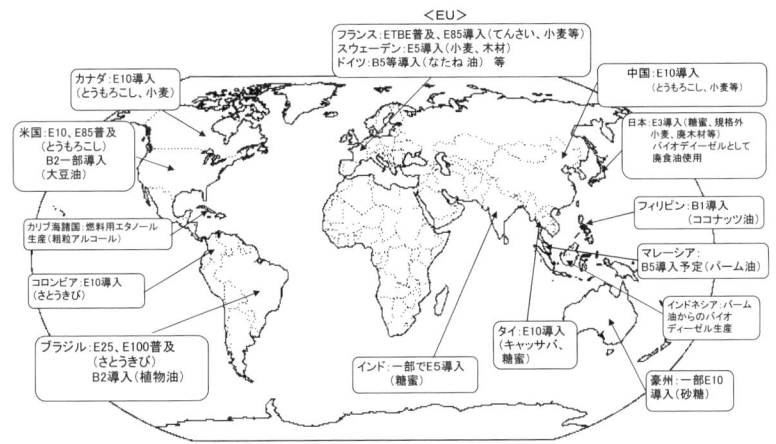

**図序-4　世界主要国・地域におけるバイオ燃料導入・推進状況**

（資料）筆者作成。
（注）1．E10とはバイオエタノール10％混合ガソリン、E85とはバイオエタノール85％混合ガソリン、E5とはバイオエタノール5％混合ガソリン、E3とはバイオエタノール3％混合ガソリン、B5とはバイオディーゼル混合5％ディーゼル、B2とはバイオディーゼル混合2％ディーゼル、B1とはバイオディーゼル混合1％ディーゼルである。
　　2．ETBE（エチル・ターシャリー・ブチル・エーテル）とはバイオエタノールとイソブチレンから製造されたガソリン添加剤である。
　　3．（　）は原料名である。

## 第4節　本書の構成

　本書では全体を8章で構成している。まず、第1章「米国におけるバイオエタノール需給と政策」では、世界最大のバイオエタノール生産国である米国を対象に、とうもろこしを主原料とするバイオエタノール政策の歴史的経緯、展開方向を分析した上で今後のバイオエタノール需給に影響を及ぼす要因を明らかにし、バイオエタノール政策がバイオエタノール需給および国際とうもろこし需給に与える影響について考察を行う。
　第2章「ブラジルにおけるバイオエタノール需給と政策」では、世界最大のバイオエタノール輸出国であるブラジルを対象に、ブラジルにおけるバイオエタノールの生産力を規定する要因を明らかにした上で、ブラジルにおけ

るバイオエタノールの輸出拡大を核とする政策の展開がエネルギーと食料との競合，さとうきび単作化およびさとうきび増産に伴う環境に与える影響についての考察を行う。

　第3章「中国およびその他の国・地域におけるバイオエタノール需給と政策」では，第1節「中国におけるバイオエタノール需給と政策」において，2002年以降，急速に進められている中国におけるバイオエタノール政策の実態とその課題，特に主原料であるとうもろこし需給に与える影響について考察を行う。また，第2節「その他の国・地域におけるバイオエタノール需給と政策」では，インド，EUおよびタイを対象にそれぞれのバイオエタノール政策の現状と課題について考察を行う。

　第4章「日本におけるバイオエタノール需給と政策」では，現在，日本において国家戦略として普及が進められているバイオエタノールについて，その経緯や推進計画を明らかにした上で，国産バイオエタノールの供給可能性および供給可能量を生産コストや経済的インセンティブについて分析を行い，バイオエタノール普及に向けての課題について考察を行う。

　第5章「米国および中国におけるバイオエタノール政策の拡大が国際とうもろこし需給に与える影響分析」では，第1章で論じる米国におけるバイオエタノール政策の拡大，第3章で論じる中国におけるバイオエタノール政策の拡大が，両国のとうもろこし需給のみならず国際とうもろこし需給に与える影響について分析を行う。分析に当たっては，世界主要11ヶ国・地域を対象とした部分均衡需給予測モデルである「世界とうもろこし需給予測モデル」を新たに開発・活用する。

　第6章「ブラジルにおけるバイオエタノール輸出量の増大が国際砂糖需給に与える影響分析」では，第2章で論じるブラジルにおけるバイオエタノールの輸出拡大政策と第4章で論じる日本におけるバイオエタノール政策の推進に伴うブラジルからのバイオエタノール輸入の拡大を対象に，日本のバイオエタノール大量輸入によるブラジルにおけるバイオエタノールの輸出拡大が，バイオエタノールの原料作物であるさとうきびの砂糖生産とバイオエタ

序章　バイオエタノール政策導入の背景と本書の課題・構成

ノールへの配分を通じて国際砂糖需給に与える影響について分析を行う。分析に当たり，世界主要12ヶ国・地域を対象とした部分均衡需給予測モデルである「世界砂糖需給予測モデル」を新たに開発・使用する。

　終章では，各章の総括を行った後に，バイオエタノール政策の社会的・経済的意義と政策的含意について考察するとともに，各部分均衡需給予測モデルによる影響試算を基に，バイオエタノール政策拡大に伴う最大の問題点である食料とエネルギーとの競合を主とした考察を行う。

注
1）メタノール車とは，天然ガスから精製（世界の70％が天然ガス）され，黒煙を排出せず，窒素酸化物の排出量はディーゼル車の約半分に削減することが出来る。しかしながら，現在のところ毒性や腐食性の問題があることおよび化石燃料由来であることからバイオエタノールに優位性がある。バイオエタノールは8％までの混合率であれば通常の仕様で走行可能であり，8％以上でもエンジンのマイナーな改造で走行可能であるものの，メタノール車では通常車での対応は不可能である点でバイオエタノールに優位性がある。
　　　また，燃料電池については将来有望とされているが，燃料電池の起動に必要な水素供給に当たっては，①ガソリンスタンドとの併設が困難であること，②水素供給ステーションの新設というインフラの問題（日本で燃料電池車500万台を達成するには全国で4,000ものステーションが必要），③水素の製造コストが高いこと，④エンジンの低コスト化の問題等といった問題があり，商業的実用化には相当の時間がかかるものと考えられる。
2）「エネルギー収支」とは，生産して得られたバイオエタノールが持つエネルギー量を生産するために投入したエネルギー量で割った値であり，この値が大きいほど投入エネルギーにより，多くのエネルギーが生産されることを示す。
3）循環型社会とは，大量消費・大量廃棄型の社会に代わるものとして，経済社会にインプットされた物質やエネルギーを出来るだけ繰り返して活用し，廃棄物として排出される環境負荷を出来る限り抑制する社会のことである（吉村　2003）。
4）製造コストについては第1章第3節（4），第2章第2節（3）を参照。
5）バイオエタノールとガソリンとの混合コストについては第4章第3節（2）参照。
6）バイオエタノールとガソリンとの出力差は第4章第3節（2）参照。

7 ）プロアルコール政策については第 2 章を参照。
8 ）MTBE（メチル・ターシャリー・ブチル・エーテル）は含酸素燃料としてガソリンに11％混合されて使用（米国の場合）。
9 ）米国のバイオエタノール政策については第 1 章を参照。
10）国際原油価格と国内バイオエタノール価格との関係については第 1 章第 4 節（4）を参照。国際粗糖価格，国内バイオエタノール価格および国際原油価格との関係については第 2 章第 2 節（2）を参照。
11）ここでのバイオエタノールの定義には，一部燃料用以外の飲料用や工業用のバイオエタノールも含む。
12）この他に，木材や植物の茎から抽出したセルロース系原料からバイオエタノールを製造する実験が，米国，EUおよび日本で行われているが，実用段階には至っていない。しかし，2006年の米国大統領一般教書演説では2012年までにセルロース系原料からのバイオエタノール燃料を実用化するために技術開発を強化することが発表された。
13）各国における製造工程は第 1 章第 3 節（5），第 2 章第 3 節を参照。
14）ETBE（エチル・ターシャリー・ブチル・エーテル）とは，バイオエタノールとイソブチレンから製造されたガソリン添加剤である。

第1章

# 米国におけるバイオエタノール需給と政策

## 第1節　はじめに

　米国のバイオエタノール生産量は1,985万キロリットルと世界最大のバイオエタノール生産国である（F.O. Licht　2007）。米国では1970年代後半から，エネルギー，環境問題そして余剰農産物問題への対応から，とうもろこしを主原料としたバイオエタノールの生産およびガソリンへの混合が実施されている。この動きは1990年の改正大気浄化法施行以降，加速化されている。また，バイオエタノールと同様にオゾンによる大気汚染が深刻な地域において，これを抑制する効果のある含酸素添加燃料としてガソリンに混合使用されているMTBE（メチル・ターシャリー・ブチル・エーテル）[1]については，カリフォルニア州およびEPA（環境保護局）が地下水汚染の危険性を1999年に指摘したことから，カリフォルニア州をはじめ多くの州が規制を表明している。このMTBEの規制州の拡大に伴い，同じく含酸素燃料[2]としてオゾンの発生を抑制する効果を有するバイオエタノールの需要が増加している。2006/07年度[3]では，とうもろこし需要量の22.9％がバイオエタノールの生産に仕向けられており（USDA-FAS　2007b），今後，この仕向け割合は増加していくことが米国農務省によって予測されている（USDA　2007c）。このバイオエタノール需要量増加の動きは，米国とうもろこし需給および貿易のみならず，国際とうもろこし需給にも影響を与えることが考えられる。

*31*

米国のバイオエタノール政策と，原料であるとうもろこし需給に与える影響については，これまでも幾つかの研究が行われてきた。U.S. General Accounting Office（1990）はバイオエタノールの生産拡大に伴い，米国とうもろこし価格が上昇することを指摘している。Evans（1997）は，バイオエタノールの生産拡大に伴う米国とうもろこし価格への影響，関連国内産業への波及効果について，産業連関表を使用して試算を行った。同様に，各州ごとの関連産業への波及効果については，Bryan（1992），Gallagherほか（2001），Otto and Kolmer（1991）の研究がある。Urbanchuk（2001）は，USDA（米国農務省）の中期需給予測モデルを用いて，バイオエタノール需要の増加が，米国国内とうもろこしの需給に与える影響について，2016年までの予測を行った。McNew and Griffith（2005）は，地域におけるバイオエタノール企業の増設がとうもろこし価格に対する影響について試算を行った。Ferris（2004）およびUSDA（2002a）は，MTBE規制によるバイオエタノール需要量の増大に伴う国内とうもろこしの需要増加が，国内飼料価格へ与える影響について計量的に分析を行った。

　本章では，米国におけるバイオエタノール政策の経緯や需給を整理し，以上の先行研究を踏まえた上で，今後のバイオエタノール需給に影響を及ぼす要因を明らかにし，最近のバイオエタノール政策がバイオエタノール需給およびとうもろこし需給に与える影響について考察を行う。なお，本章執筆に当たって，筆者は2006年7月および2007年4月に米国イリノイ州，ワシントンD.C. において政府関係機関，バイオエタノール生産者団体，バイオエタノール工場での現地調査を行った。

## 第2節　バイオエタノール政策の歴史的展開

　米国におけるバイオエタノールの開発の歴史は古く，ヘンリー・フォードが開発した1919年製T型フォードは，燃料としてバイオエタノールが使用されるように開発された。しかしながら，主として酒類として消費されたバイ

第1章 米国におけるバイオエタノール需給と政策

表1-1 米国におけるバイオエタノール政策の経緯

| 年 | 法令名 | 主な内容 |
| --- | --- | --- |
| 1977年 | 大気浄化法改正法 | 代替ガソリンとして含酸素燃料の使用を認可。 |
| 1978年 | エネルギー税法 | バイオエタノールを10%混合したガソリンに対して4セント/ガロン（1.1セント/リットル）の税制優遇措置を実施。 |
| 1980年 | 石油税法 | バイオエタノールをガソリンに混合するブレンダーに対し、54セント/ガロン（14.3セント/リットル）の税制優遇措置を実施。 |
| 1990年 | 大気浄化法改正法 | 大気環境基準を達成できない地域に対して含酸素燃料の義務付けを実施。 |
| 1990年 | 予算調和法 | バイオエタノールを10%混合したガソリンに対しての税制優遇を5セント/ガロン（1.32セント/リットル）とし、バイオエタノールをガソリンに混合するブレンダーに対して54セント/ガロン（14.3セント/リットル）の税制優遇措置を実施。 |
| 1992年 | エネルギー政策法 | 代替燃料車の普及促進、バイオエタノールに関する税制優遇を5セント/ガロンとし、バイオエタノール製造業者に対する税制優遇措置を54セント/ガロンに規定。 |
| 1999年 | カリフォルニア州令 | MTBEを2002年までに使用禁止を表明（実際には2004年から禁止）。 |
| 2002年 | 2002年農業法 | バイオエタノールやバイオディーゼル普及のためにバイオ燃料製造者に対して補助金を交付し、原料農産物の生産を拡大。 |
| 2005年 | 2005年エネルギー政策法 | バイオエタノールを主とする再生可能燃料の使用量を2012年までに年間75億ガロンまで拡大。 |

（資料）大聖・三井物産（2004）を参考に筆者加筆。

オエタノールには，当時高い税率が課されたことから，1919年製T型フォードの燃料としての使用は断念された[4]。

その後，このバイオエタノールが脚光を浴びるのは，1973年10月に石油輸出国機構（OPEC）による原油公示価格の引き上げと，輸出規制に伴う第1次オイルショックを契機とする原油価格の高騰[5]である。これを契機に，バイオエタノールは，ガソリン代替燃料として再び脚光を浴びることとなった。

1970年に施行された「大気浄化法」（Clean Air Act）は，1977年に改正され，同法により含酸素燃料であるバイオエタノールの使用を米国政府が初めて認可した（表1-1）。1978年には「エネルギー税法」（Energy Tax Act）が成立し，バイオエタノール10%以上を混合したガソリンに対し連邦税が減免された。さらには，1980年にCrude Oil Windfall Profit Taxにより，バイオ

エタノールをガソリンに混合する混合業者(ブレンダー)に対し54セント/ガロン[6](14.3セント/リットル)を控除する税制優遇措置が実施された。

1990年には改正大気浄化法(Clean Air Act Amendments)の施行により,特定の大気汚染物質(一酸化炭素,一酸化窒素,粒子性物質,二酸化硫黄,鉛,オゾン)が定められ,連邦政府の環境基準のうち,オゾンの基準値が達成出来ていない地域については,EPAより燃料の含酸素量や,蒸気圧の基準を定めた改質ガソリン(Reformulated Gasoline:RFG)として,含酸素燃料の添加が義務付けられた。含酸素量の基準値は2.0%であり,最大で2.7%までが認められた。この動きにより,米国ではオクタン価向上,一酸化炭素排出削減効果のあるバイオエタノールおよびMTBEのガソリン添加剤としての需要が拡大した。なお,MTBEは,ガソリンに対して11%が添加された。特に,MTBEは,バイオエタノールに比べてガソリンへの親和性が高いため,ガソリンとの混合コストが安いこと,またバイオエタノールと異なり,ガソリンと混合して通常のパイプラインでの輸送が可能であることから,バイオエタノールに比べ全体コストが低いという特徴がある[7]。このことから,改正大気浄化法施行により,含酸素燃料としてのバイオエタノールよりもMTBEが,ガソリン製造・販売業者に好まれ,MTBEの需要と生産が拡大された。また,1992年には「エネルギー政策法」において米国政府は,代替燃料車の導入を強化し,2010年には全乗用車の30%を目標とした。

しかし,このMTBEは,ガソリンのほか水への親和性が高いという化学的性質から,地中に埋められたパイプラインやガソリンタンクの亀裂によって漏れたMTBEが地下水を汚染し,MTBEが混入した飲料水に発癌性の疑いがあることが,カリフォルニア州の調査で判明した。このため,1999年3月カリフォルニア州は,ガソリンへの添加物であるMTBEの使用を2002年までに禁止する決定を行った[8]。この動きにより1999年9月には,EPAのMTBE使用に関する調査委員会が,飲料水に対する環境問題からMTBEの使用削減を勧告する答申を発表した。これを受けて,複数の州がMTBEの使用禁止を表明し,2006年7月現在,25州がMTBEの使用を禁止すること

を表明している。

## 第3節　現行の政策と
## バイオエタノール・とうもろこし需給

### (1) 政策の導入目的

　ここで，バイオエタノール政策の導入目的を整理してみたい。米国のバイオエタノール政策の導入は，前述のとおり当初は第1次オイルショックに伴う国内経済への影響を軽減する観点から，石油依存度を下げるためのエネルギー対策として導入されたが，その後，1990年の改正大気浄化法施行以降，環境面への効果が重視されるようになった。米国のバイオエタノール政策は，エネルギー・環境対策としてのみバイオエタノール政策を導入・推進しているわけではない。もし，純粋にエネルギー・環境対策としての導入であれば，輸入バイオエタノールに高関税を課して，輸入を抑制することは考えられない。米国では輸入バイオエタノールに対する関税が54セント/ガロン（14.3セント/リットル）と国際的にみても高く[9]，このことが最大の輸出国であるブラジルから問題視されている。この点は，米国のバイオエタノール政策には，バイオエタノール産業保護や農業保護の側面もある。特に，農業面に関しては，関係法令の条文にこそ明記されていないものの，バイオエタノール需要および生産の拡大は，80年代から顕在化した余剰とうもろこしの処理機能，90年代後半以降は，とうもろこし価格の下支え効果としての機能や農家所得の向上，そしてこれに伴う農家助成に関する農業プログラムの削減の効果も重視された。以上のように，米国におけるバイオエタノール政策の導入は，当初はエネルギー問題への対応から政策が導入され，さらに環境そして農業面での効果への期待から政策が推進されている（図1-1）。また，バイオエタノール政策の推進には，環境保護団体，とうもろこし生産者団体，バイオエタノール製造業者，各政府機関が複雑に関連していることが大きな特徴である。

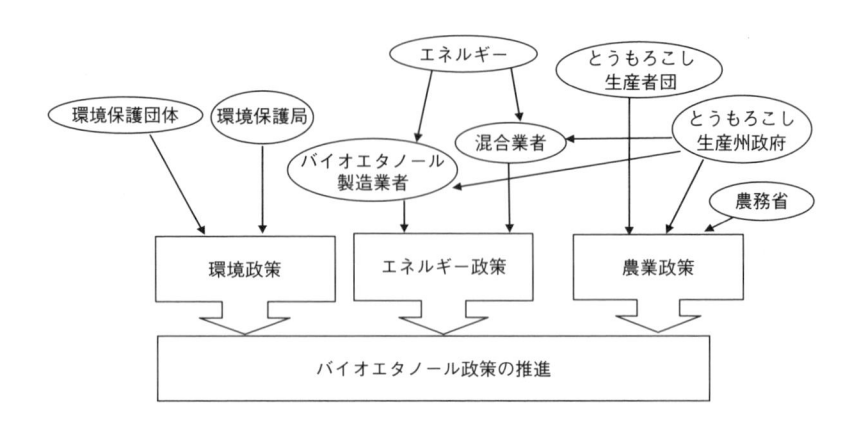

**図1-1 米国におけるバイオエタノール政策推進の構図**
(資料) 筆者作成。

## (2) バイオエタノール助成措置

　米国では,バイオエタノールをガソリンに混合して使用するに当たっては,連邦政府および州政府による各種の補助および優遇税制措置が講じられている。

　連邦政府では,「アメリカ雇用創出法」(2004年2月成立)に基づき,バイオエタノールをガソリンに混合した燃料に対して,51セント/ガロン(13セント/リットル)の連邦ガソリン税を控除する優遇税制措置がとられている。これはバイオエタノール混合率が高くなるほど,税控除額は大きくなることを意味する。また,前述のように,輸入バイオエタノールに対して54セント/ガロン(14.3セント/リットル)の関税を賦課することにより,国内バイオエタノール産業を保護している。連邦ガソリン税控除措置については2010年末まで,エタノール関税については2008年末までの適用となっている[10]。

　年間生産量6,000万ガロン(22.7万キロリットル)未満の小規模バイオエタノール生産者に対しては,年間150万ガロン(0.56万キロリットル)を上限として1ガロン当たり10セント(2.6セント/リットル)の所得税控除が適用されている。さらに,「2005年エネルギー政策法」に基づきE85用のガソリ

第1章 米国におけるバイオエタノール需給と政策

表1－2 各州におけるバイオエタノール生産者補助措置および燃料売上税控除措置

| 州名 | 生産者補助措置 補助額 | 燃料売上税控除措置 税控除額 |
|---|---|---|
| アラバマ | | |
| アラスカ | | ○ 1.6 セント/リットル |
| アリゾナ | | |
| アーカンソー | | |
| カリフォルニア | | |
| コロラド | | |
| コネチカット | | |
| デラウェア | | |
| ワシントンDC | | |
| フロリダ | | |
| ジョージア | | |
| ハワイ | ○ 7.9 セント/リットル | ○ 4% |
| アイダホ | | ○ 0.7 セント/リットル |
| イリノイ | | ○ 2% |
| インディアナ | ○ 3.3 セント/リットル | |
| アイオワ | ○ 0.4 セント/リットル | ○ 0.7 セント/リットル |
| カンザス | ○ 最大 2.0 セント/リットル | |
| ケンタッキー | | |
| ルイジアナ | | |
| メーン | ○ 1.3 セント/リットル | ○ 最大 1.7 セント/リットル |
| メリーランド | ○ 5.3 セント/リットル | |
| マサチューセッツ | | |
| ミシガン | | |
| ミネソタ | ○ 最大 5.3 セント/リットル | ○ 1.5 セント/リットル（E10）, 3.8 セント/リットル（E85） |
| ミシシッピ | ○ 最大 5.3 セント/リットル | |
| ミズーリ | ○ 最大 5.3 セント/リットル | |
| モンタナ | ○ 7.9 セント/リットル | |
| ネブラスカ | | |
| ネバタ | | |
| ニューハンプシャー | | |
| ニュージャージー | | |
| ニューメキシコ | | |
| ニューヨーク | | |
| ノースカロライナ | | |
| ノースダコタ | ○ 最大 900,000 ドル | ○ 5.3 セント/リットル |
| オハイオ | | |
| オクラホマ | ○ 5.3 セント/リットル(E10), 5.5 セント/リットル (E85) | ○ 0.4 セント/リットル |
| オレゴン | | |
| ペンシルバニア | ○ 1.3 セント/リットル | |
| ロードアイランド | | |
| サウスカロライナ | | |
| サウスダコタ | ○ 5.3 セント/リットル | ○ 最大 3.2 セント/リットル |
| テネシー | | |
| テキサス | ○ 5.3 セント/リットル | |
| ユタ | | |
| バーモント | | |
| バージニア | | |
| ワシントン | | |
| ウェストバージニア | | |
| ウィスコンシン | ○ 最大 5.3 セント/リットル | |
| ワイオミング | ○ 最大 10.6 セント/リットル | |

（資料）American Coalition for Ethanol (2006)より作成。

ンスタンドのインフラ整備に関して，30％の所得税控除もしくは3万ドルを上限とする補助が事業者に対して適用されている。

米国農務省関連のプログラムでは，商品金融公社（CCC）を通じて「CCCバイオエネルギープログラム」として指定されたとうもろこしを中心とする農作物からバイオエタノールやバイオディーゼル燃料を生産する事業者に対して，年間1億5,000万ドルの基金を提供している。プログラム参加者は前年度からの生産量増加分に応じて基金から2005年度は12.1セント／ガロン（3.2セント／リットル）の配分を受け取る仕組みとなっている。

さらに，各州政府では，連邦政府からの助成措置のほかに，各種助成措置が講じられている。まず，イリノイ州ではバイオエタノールを10％混合したガソリンの売り上げ税を，2％減免する措置を実施している。このほか，アラスカ州，ハワイ州，アイダホ州，イリノイ州，アイオワ州，メーン州，ミネソタ州，ノースダコタ州，オクラホマ州，サウスダコタ州が同様の措置を行っている。

また，バイオエタノール製造業者に対しては，ミネソタ州が最大で20セント／ガロン（5.3セント／リットル）の補助を行っているほかにも，ハワイ州，インディアナ州，アイオワ州，カンザス州，メーン州，メリーランド州，ミシシッピ州，ミズーリ州，モンタナ州，ノースダコタ州，オクラホマ州，ペンシルバニア州，サウスダコタ州，テキサス州，ウィスコンシン州およびワイオミング州で同様の措置が適用されている（表1-2）。

以上のように，米国におけるバイオエタノール生産・流通においては，連邦および州政府からの税制優遇措置，助成措置が充実していることが大きな特徴である。

### （3）バイオエタノール需給

米国におけるバイオエタノール需要量は，1992年に7.2億ガロン（272万キロリットル）から2004年には23.6億ガロン（892万キロリットル）へと拡大している（表1-3）。一方，MTBE需要量は1992年には，11.8億ガロン（445

第1章 米国におけるバイオエタノール需給と政策

表1-3 米国におけるバイオエタノール需給の推移

| | | 1992年 | 1995 | 1999 | 2000 | 2001 | 2002 | 2003 | 2004 |
|---|---|---|---|---|---|---|---|---|---|
| バイオエタノール需要量 | 百万ガロン | 720 | 936 | 979 | 1,127 | 1,188 | 1,469 | 1,925 | 2,357 |
| | 万キロリットル | 272 | 354 | 371 | 426 | 450 | 556 | 728 | 892 |
| バイオエタノール生産量 | 百万ガロン | 1,200 | 1,100 | 1,470 | 1,630 | 1,770 | 2,130 | 2,810 | 3,410 |
| | 万キロリットル | 454 | 416 | 556 | 617 | 670 | 806 | 1,064 | 1,291 |
| MTBE需要量 | 百万ガロン | 1,176 | 2,693 | 3,405 | 3,299 | 3,355 | 3,123 | 2,372 | 1,816 |
| | 万キロリットル | 445 | 1,019 | 1,289 | 1,249 | 1,270 | 1,182 | 898 | 687 |

（資料）USDE-EIA (2006b)

　万キロリットル）から1999年には34.1億ガロン（1,289万キロリットル）へと拡大したが，2002年以降は下落傾向にあり，2004年は18.2億ガロン（687万キロリットル）となった。このように，米国におけるバイオエタノールの需要量は，2002年以降，MTBE使用禁止によるバイオエタノール代替の動きから急速に増加した。

　なお，バイオエタノールの混合率は10％が主であるが，一部では85％混合も存在している。この85％混合には，ガソリンとバイオエタノールとの混合での走行が可能なフレックス車（Flexible Fuel Vehicle）が使用されている。なお，米国型のフレックス車は，バイオエタノール使用の上限が85％の規格であり，バイオエタノールの混合上限が100％のブラジル型のフレックス車とは異なる規格である。米国では自動車燃料が寒冷地にも対応する必要があり，ガソリンを15％程度使用しないとエンジンが起動しにくいため，バイオエタノールの混合上限が85％に設定されている。

　米国型のフレックス車には給油口における燃料情報をエンジンにセンサーで送るためのコンピュータチップが埋め込まれており，その費用は30ドル／台であるが，店頭の販売価格は他の通常の乗用車と同じ価格で販売されている。また，ブラジル型のフレックス車とは異なり，米国型のフレックス車には外装にフレックス車と示す表示は一切なく，給油キャップが色付けされていること，給油口の蓋の裏に小さくフレックス車仕様と表示されているのみであり，外観は通常の乗用車と全く変わらない[11]。米国型のフレックス車は1992年の販売開始以降，急速に台数を伸ばしており，1992年の172台から

表1-4 米国におけるフレックス車販売台数・E85需要量の推移

| | | 1992年 | 1995 | 1999 | 2000 | 2001 | 2002 | 2003 | 2004 |
|---|---|---|---|---|---|---|---|---|---|
| フレックス車販売台数 | 台数 | 172 | 1,527 | 26,604 | 87,570 | 100,303 | 120,951 | 133,776 | 146,195 |
| E85需要量 | 1,000ガロン | 22 | 195 | 4,019 | 12,388 | 15,007 | 18,250 | 20,620 | 22,993 |
| | キロリットル | 83 | 738 | 15,212 | 46,889 | 56,801 | 69,076 | 78,047 | 87,029 |

（資料）USDE-EIA（2006b）

　2004年には146,195台へと飛躍的に使用台数を伸ばしている（表1-4）。このため，E85[12]の需要も1992年の2.2万ガロン（83キロリットル）から0.2億ガロン（8.7万キロリットル）へと上昇している。米国では，2004年のバイオエタノール需要量の99.0％がE10のガソホールに使用されており，残りの1.0％がフレックス車によるE85の需要量である（USDE-EIA　2006b）。

　ガソリンスタンドにE85用の給油装置を設置する場合は，専用地下タンクの増設といった新たなインフラ整備が必要である。この費用については前述のとおり，連邦政府からの補助があるものの，全米で2007年5月現在，E85用のガソリンスタンドは1,212箇所と全米のガソリンスタンドの0.7％しかない状態にある（RFA　2007）。このように，ガソリンスタンドでのE85設置の増加が今後の米国型フレックス車の普及の鍵を握っている。

　米国におけるバイオエタノールの生産量については，改正大気浄化法の施行による需要量の増大や，連邦政府および州政府による製造に関する優遇税制措置等により，1992年の12.0億ガロン（454万キロリットル）から2004年の34.1億ガロン（1,291万キロリットル）へと拡大している（表1-3）。特に，2002年以降は，MTBEからの代替により，バイオエタノールの生産量は急激に増加している。なお，1995年は中西部を中心とする干ばつの影響により，前年の14.0億ガロン（530万キロリットル）から11.0億ガロン（416万キロリットル）へと下落したものの，1996年以降，生産が回復している。

　州別バイオエタノールの生産能力では，最大のアイオワ州が430万キロリットル，イリノイ州が295万キロリットル，ネブラスカ州の206万キロリットル，ミネソタ州の188万キロリットルと（RFA　2006），とうもろこしの生

第1章　米国におけるバイオエタノール需給と政策

表1-5　米国のバイオエタノール生産能力の推移

|  | 1999年 | 2000 | 2001 | 2002 | 2003 | 2004 | 2005 | 2006 | 2007 |
|---|---|---|---|---|---|---|---|---|---|
| 稼働工場数 | 50 | 54 | 56 | 61 | 68 | 72 | 81 | 95 | 110 |
| 製造能力（万キロリットル） | 644.1 | 661.9 | 727.4 | 888.5 | 1,024.5 | 1,173.7 | 1,379.1 | 1,641.3 | 2,079.3 |
| 新規建設・拡張工事中工場数 | 5 | 6 | 5 | 13 | 11 | 15 | 16 | 31 | 76 |
| 新規建設・拡張工事中工場製造能力（万キロリットル） | 29.1 | 34.6 | 24.5 | 147.9 | 182.8 | 226.3 | 285.4 | 673.0 | 2,133.0 |

（資料）RFA（2007）。
（注）製造能力は年初の推計値。

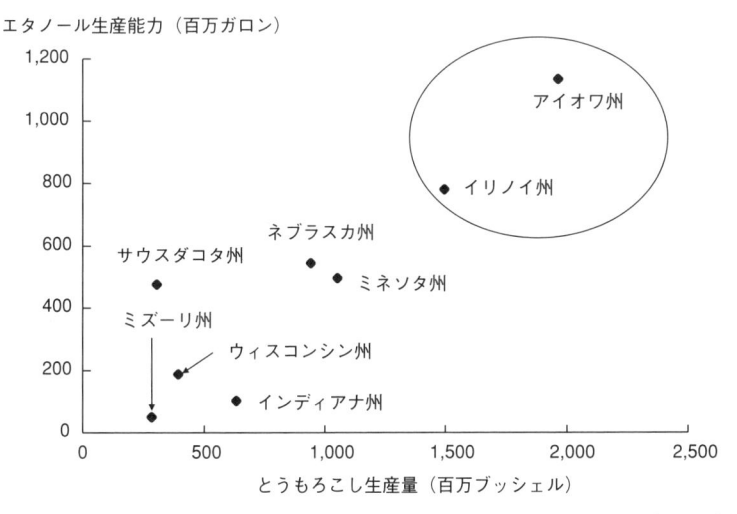

図1-2　米国におけるバイオエタノール生産ととうもろこし生産との関係
（2004年時点）

（資料）バイオエタノール生産量についてはRFA（2006），とうもろこし生産量については USDA-FAS（2007b）。

産量が多い中西部の州ほど，バイオエタノールの生産が多いことがわかる（図1-2）。

また，2007年1月現在，米国では110の工場でバイオエタノールが生産されており，現在の製造能力は54.9億ガロン（2,079万キロリットル）である

*41*

（表1-5）。既存のバイオエタノール製造施設のほかに，現在，76の新規のバイオエタノール工場が建設中又は拡張工事中であり，2007年には56.4億ガロン（2,133万キロリットル）の製造能力が追加されることになる（RFA 2007）。工場の形態としては，ADM（Archer Daniels Midland）社が年間生産量400万キロリットルを超える設備を有しており，米国内で稼働中のバイオエタノール生産設備の32％を占めている（大聖・三井物産 2004）。また，農家所有の工場の小規模な工場（年間製造量50万キロリットル）も多く存在し，2007年1月時点では工場数では全体の41.8％，製造能力では30.5％を占めている（RFA 2007）。このように小規模な工場が存続出来る理由としては，連邦政府および州政府からの小規模事業者を対象とする税制優遇措置，補助金の適用が考えられる[13]。

### (4) バイオエタノール生産コスト

米国では1ブッシェル[14]のとうもろこしから，バイオエタノールは2.7ガロン（396.4リットル/トン）生産することが出来る（Paulsonほか 2004）。とうもろこしからのバイオエタノール生産コスト[15]については，0.25ドル/リットル（Shapouri, Duffield and Wang 2002）であり，小麦の0.273ドル/リットル，イモ類の0.949ドル/リットルおよびさとうきびの1.456ドル/リットルのように他の農産物に比べて低い[16]。これに加えてとうもろこしの国内生産量は，227,767千トンと小麦の43,705千トンと比べて極めて高い水準にある（USDA-FAS 2007b）ことがわかる。このため，バイオエタノール製造に関しては，とうもろこしから製造する方が，コストおよび国内賦存量からも他の農産物に比べて優位性があることがわかる（図1-3）。

国際的な比較を行うと，米国におけるバイオエタノール生産コスト0.25ドル/リットルは，同じくとうもろこしからバイオエタノールを生産している中国の生産コスト0.44ドル/リットルに比べると極めて安いものの，世界最大のバイオエタノール輸出国であるブラジルの生産コスト0.20ドル/リットルに比べると割高である（図1-4）[17]。現在のところ，バイオエタノールに

品目別生産量(1,000トン)

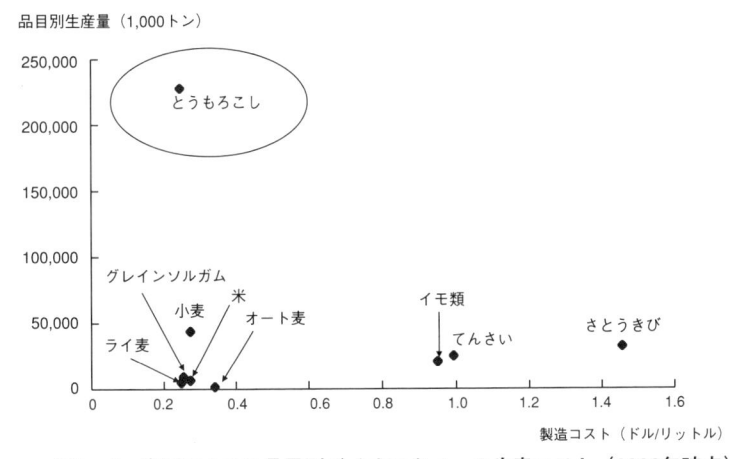

**図1-3 米国における品目別バイオエタノール生産コスト(2002年時点)**
(資料)とうもろこし、米、小麦、オート麦、ライ麦、グレインソルガムの生産量については USDA-FAS(2007b)、イモ類、てんさい、さとうきびの生産量については FAOSTAT(FAO 2007)データを使用。製造コストについては Shapouri, Duffield and Wang(2002)によるとうもろこしからバイオエタノールの製造コストを基に USDA(2002b)による各作物からのバイオエタノール収量ととうもろこしからのバイオエタノール収量の比から算出した。

0.14ドル/リットル(54セント/ガロン)もの関税を賦課しているため、米国国内ではブラジル産バイオエタノールに比べて価格面で優位性はあるものの、今後、ブラジルが関税引き下げ要求を行うことを検討しているため、米国が生産コスト引き下げ努力を行わない限りは、米国国内における価格優位性は保てないものと思われる。

米国では「カリブ海経済復興法」により、年間23万キロリットルあるいは米国のバイオエタノール需要量の7％のうち、いずれか大きい方を上限として、カリブ海諸国からのエタノールの関税が原産地・原料を問わず、無税となっている。そして、これを上回る量については、約13万キロリットルまではカリブ海原産が最低50％含まれていること等を義務付けている。しかし、この中にはブラジルや欧州からジャマイカ、コスタリカ、エルサルバドルを経由したバイオエタノールが、米国に無税で輸出されている分が含まれている。このため、米国政府がこの問題を解決するため、ブラジル、EUと協議を行う可能性もある。

〈単位:ドル/リットル〉

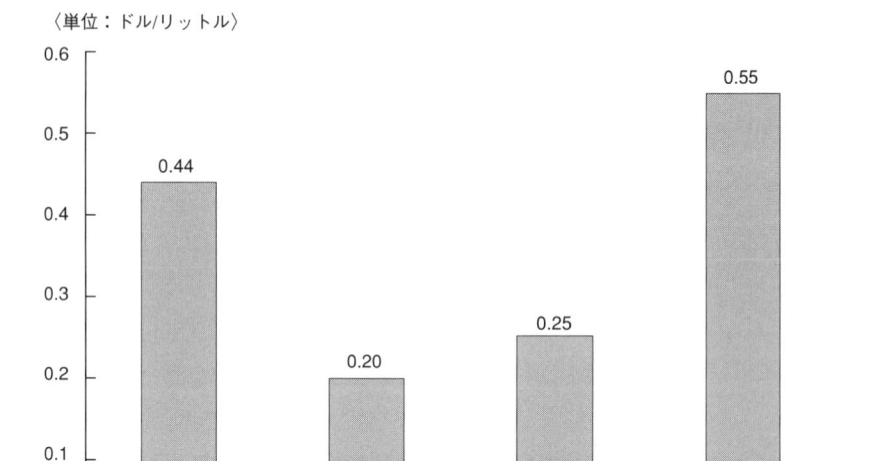

| | |
|---|---|
| 中国 | 0.44 |
| ブラジル | 0.20 |
| 米国 | 0.25 |
| EU | 0.55 |

**図1-4 バイオエタノール生産コストの国際比較**

(資料) 米国についてはShapouri, Duffield and Wang (2002)、中国については小泉 (2006)、ブラジルおよびEUについてはMacedo (2005)。

米国では、ブラジルのバイオエタノール生産が政府からの補助を受けていると認識していること[18]やブラジル産バイオエタノールがカリブ海経由で無税で輸出されていることに加えて、輸入バイオエタノールについても米国内では51セント/ガロン (13セント/リットル) の連邦ガソリン税控除措置が適用されることを「相殺」するために、米国政府は輸入バイオエタノールへの関税水準を今後も維持し、諸外国からのエタノール関税引き下げに応じる姿勢は示していない[19]。

## (5) 原料・副産物の需給

### 1) 原料の需給

米国におけるバイオエタノールの生産には、原料としてとうもろこしが90%を占め、ソルガムが5%、残りは小麦および食品廃棄物が使用されている (USDA 2004)。米国は2006/07年度における世界の生産量の38.4%、輸

第1章 米国におけるバイオエタノール需給と政策

表1-6 米国におけるとうもろこし需給の推移

| | 収穫面積 | 単収 | 生産量 | 輸入量 | 輸出量 | 期末在庫量 | 全体需要量 | うち飼料用需要量 | うちバイオエタノール用需要量 | うちその他用需要量 |
|---|---|---|---|---|---|---|---|---|---|---|
| 単位 | 1,000ha | トン/ha | 1,000トン | 1,000トン | 1,000トン | 1,000トン | 1,000トン | 1,000トン | 1,000トン | 1,000トン |
| 80/81年度 | 29,526 | 5.7 | 168,648 | 22 | 60,737 | 35,361 | 124,246 | 107,501 | — | — |
| 90/91 | 27,095 | 7.4 | 201,534 | 87 | 43,858 | 38,641 | 153,273 | 117,072 | — | — |
| 2000/01 | 29,316 | 8.6 | 251,854 | 173 | 49,313 | 48,240 | 198,102 | 148,396 | 15,951 | 33,755 |
| 2001/02 | 27,830 | 8.7 | 241,377 | 258 | 48,383 | 40,551 | 200,941 | 148,958 | 17,932 | 34,051 |
| 2002/03 | 28,057 | 8.1 | 227,767 | 367 | 40,334 | 27,603 | 200,748 | 141,303 | 25,298 | 34,147 |
| 2003/04 | 28,710 | 8.9 | 256,278 | 358 | 48,258 | 24,337 | 211,644 | 147,197 | 29,655 | 34,793 |
| 2004/05 | 29,798 | 10.1 | 299,914 | 275 | 46,181 | 53,697 | 224,648 | 156,428 | 33,604 | 34,548 |
| 2005/06 | 30,399 | 9.3 | 282,311 | 227 | 54,545 | 49,968 | 231,722 | 155,997 | 40,640 | 35,085 |
| 2006/07 | 28,590 | 9.4 | 267,598 | 254 | 55,883 | 23,802 | 238,135 | 148,597 | 54,610 | 34,928 |
| 2007/08(見通し) | 33,557 | 9.4 | 316,499 | 381 | 50,167 | 24,056 | 266,459 | 144,787 | 86,360 | 35,312 |
| 1980年代平均増加率 | -0.8% | 2.4% | 1.6% | 13.3% | -2.9% | 0.8% | 1.9% | 0.8% | — | — |
| 1990年代平均増加率 | 0.7% | 1.3% | 2.0% | 6.4% | 1.1% | 2.0% | 2.4% | 2.2% | — | — |
| 2000/01-2006/07年度平均増加率 | -0.4% | 1.2% | 0.9% | 5.6% | 1.8% | -9.6% | 2.7% | 0.02% | 19.2% | 0.5% |

(資料) USDA-FAS (2007b)

出量の64.2%を占める世界最大のとうもろこし生産国・輸出国である(USDA-FAS 2007b)。生産量については，1980/81年度の168.6百万トンから2006/07年度の267.6百万トンへと増加しており，2000/01年度から2006/07年度にかけては，年平均0.9%の増加となっている（表1-6）。特に，単収については，1980/81年度の5.7トン/haから2006/07年度の9.4トン/haへと増加し，2000/01年度から2006/07年度にかけては，年平均1.2%の増加となっている。輸出量については，年平均1.8%の増加となっている。

2000/01年度の198.1百万トンから2006/07年度の全体需要量は，238.1百万トンへと上昇しており，年平均2.7%の増加となっている。このうち，飼料需要量は，年平均0.02%の増加と伸び悩んでいるが，バイオエタノールの需要量は年平均19.2%の増加率となっている。

このように，米国のとうもろこし生産量は，単収の増加を背景に着実に増加しているものの，需要量はバイオエタノール用需要量を中心に増加しており，2000/01年度以降は，バイオエタノール用需要量の増加率がとうもろこし生産量の増加率を大幅に上回って推移している。

45

## 2）バイオエタノール生産構造

バイオエタノール製造には，ドライミルとウェットミルという2つの製造法があるが，2005年時点では79%がドライミルにより製造されており，21%がウェットミルにより製造されている（RFA　2006）。ドライミルは，胚芽を除去して粉砕する「製粉」工程であり，バイオエタノール製造時に澱粉が吸収されるが，残りの副産物としてDDG（ディスチラーズ・ドライド・グレイン）が発生する。一方，ウェットミルは，実質的に澱粉加工業で用いられ，澱粉，バイオエタノール，コーングルテンフィード，コーングルテンミール，コーンオイル等が生産される（図1-5）。

米国では元々，主に澱粉加工業者がバイオエタノールを作っていたが，現在，米国で新規に建設されているバイオエタノール工場はほとんどが，ドライミルであり，全体の工場に占めるドライミルの割合は2004年の75%から2005年には79%へと増加している（RFA　2006）。このドライミルへの割合の増加に伴い，今後，全体のバイオエタノール工場に占めるウェットミルの割合は縮小することが予想される。米国農務省によるバイオエタノール生産コスト調査（USDA　2006b）でも1998年時点（2002年公表）まではウェットミルおよびドライミル製法双方の生産コストが発表されていたが，2002年時点（2005年公表）からはドライミルのみの発表となっている。

バイオエタノール製造業者にとっては，ドライミル製法の方がウェットミルよりも工程が少なく，建設コストが低いことから，最近ではドライミルを採用する製造業者が多い。このため，今後，さらに全体のバイオエタノール工場に占めるドライミルの割合は拡大することが予想される。このドライミル製法の増大は，安価で効率的にバイオエタノールを生産出来る一方で，バイオエタノール以外は副産物としてDDGしか生産出来ない。これは，バイオエタノール価格が将来下落しても，ウェットミルでは工程の途中で，澱粉，コーンオイル，コーングルテンフィード，コーングルテンミールの生産配分を増やすことで対応出来るが，ドライミルでは，バイオエタノールの他には

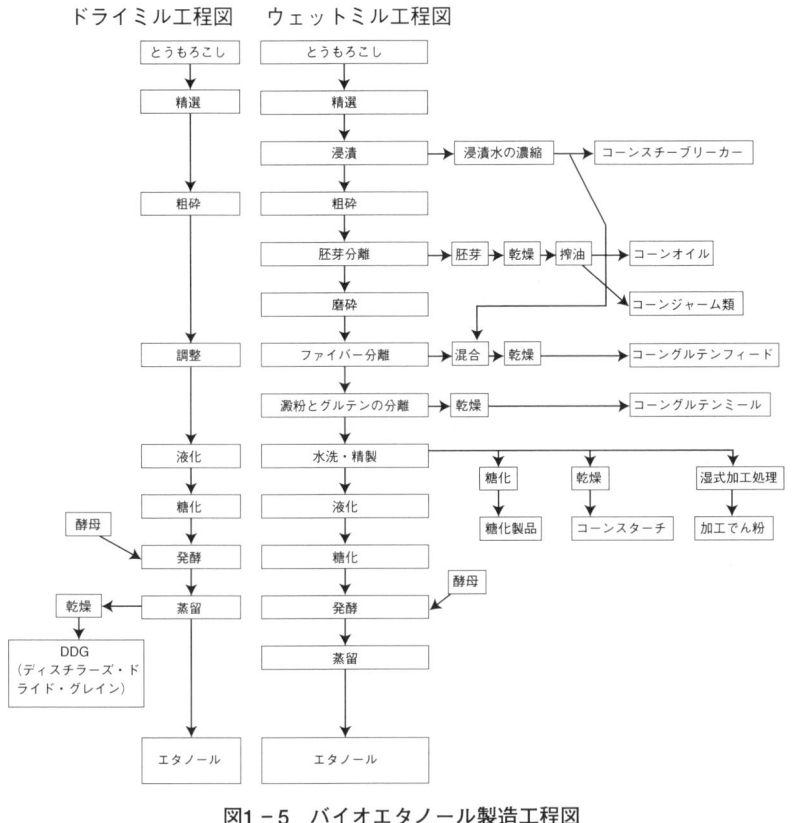

第1章 米国におけるバイオエタノール需給と政策

**図1-5 バイオエタノール製造工程図**

（資料）Aventine社資料，菊地(1992)を基に筆者作成。
（注）両工程図は一般的な工程を示したものであり，各工場によって異なる。

　副産物としてのDDGしかなく，米国においてDDGの市場が途上段階にある状況下，市場価格に応じて工程の途中で柔軟に他の製品に生産配分を変えることが出来ない構造にある。このため，ドライミル製法によるバイオエタノール生産の価格弾力性は，ウェットミル製法による弾力性に比べて低いことが考えられる。今後，米国ではドライミル製法が増加することは，より生産配分の柔軟性を失うことにつながり，将来的には生産過剰をもたらすことも考えられる。この米国の生産構造は，ブラジルにおいて，さとうきびから砂

47

糖・バイオエタノールへの配分を両者の相対価格に応じて柔軟に変更出来る工場の割合が全国の8割を占め，今後，その割合がさらに増加傾向にあるブラジルのバイオエタノール生産構造とは対照的な動きである。

### 3) 副産物の需給

ドライミル製法ではバイオエタノール製造時に澱粉が吸収されるが，残りの副産物としてDDGが発生する。DDGは，1トンのとうもろこしから平均0.196トン産出することが出来る[20] (Paulsonほか 2004)。DDGは，高蛋白質，高繊維質であり，主として乳牛や肉牛の飼料として消費されている。さらにはこのDDGの高蛋白質成分は大豆ミールとも類似していることが指摘されている (Evans 1997)。

DDGの価格と大豆ミールとの価格をみてみると，極めて類似した動きであることがわかる (図1-6)。バイオエタノール生産の増加は，原料作物であるとうもろこしの価格を上昇させることに加え，副産物であるDDGの生産を増加させることから，競合する大豆ミール価格の下落を通じて大豆価格および畜産物価格を下落させるというEvans (1997) らの推計結果が報告されている。このように，バイオエタノール副産物であるDDGは，競合農産物および畜産物需給に影響を与える点で大変興味深いものである。

このDDGは，米国では生産・消費が増加傾向にあり，RFA (全米再生可能燃料協会) によると1999年の2.3百万トンから2005年には9.0百万トンにまで拡大している。このうち，2005年には乳牛生産に45％，牛肉生産に37％，豚肉生産に13％，鶏肉生産に5％が使用されている (RFA 2006)。

しかしながら，このDDGはイリノイ州に業界独自の基準 (蛋白質25％，脂肪分10％，繊維質8.0％，ソーダ灰8.0％) はあるものの，州政府・連邦政府独自の規格がない状態にある。また，DDGはDDGS (ソリュブル添加ジスチラーズ・ドライド・グレイン) と明確に区別されていないことから，米国内には統一されていないDDGおよびDDGSが混在している状態にある。また，このために統計が取りにくいという難点がある。

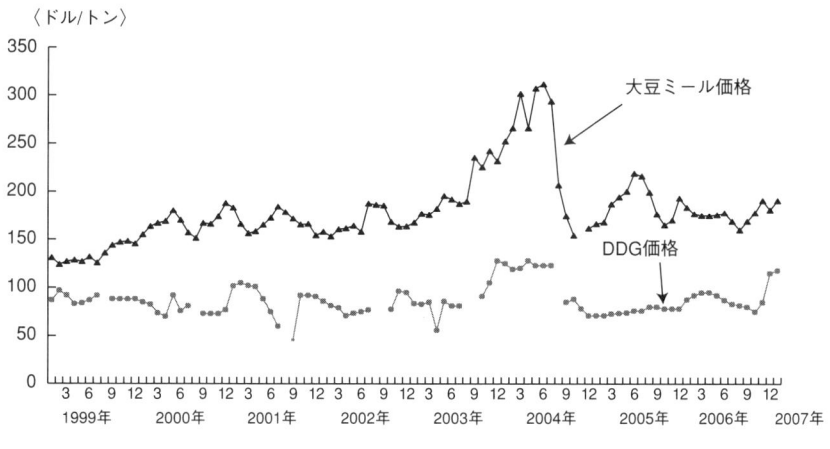

第1章　米国におけるバイオエタノール需給と政策

〈ドル/トン〉

図1-6　米国における大豆ミール，DDGの価格の推移

（資料）USDA (2007b)
（注）大豆ミールはSoy bean meal, high protein, Central Illinois，DDGはLawrenceburg,INの価格データを使用。

　また，DDGは大豆ミールの平均的蛋白質40％に対して，平均25％と低く，大豆ミールに比べて蛋白質成分で劣っている。さらに，DDGはアミノ酸をほとんど含んでいないため，豚用の飼料とするためにはアミノ成分を含むサプリメントを補給する必要がある。農務省やイリノイ州政府の見解では，DDGの現在の消費は途上状態にあり，普及には農家への啓発活動とDDGの品質向上のための研究が必要であるとしている[19]。

　DDGの生産量増加は，競合する大豆ミール価格の下落を通じて大豆価格および畜産物価格を下落させることがこれまでも農務省等により指摘されているが，現段階ではDDGの規格が存在しないこと，DDGの成分のうち蛋白質含有値，アミノ酸の値が低いことから成分の向上に向けた更なる研究が必要なことに加え，普及には農家への啓発活動が必要であるといった課題がある。このため，バイオエタノール生産の増加に伴う副産物のDDGの増加が競合する大豆ミール価格の下落を通じて大豆価格および畜産物価格を下落させるか否かについては，現段階ではその可能性があるとしかいえない。いずれにせよ，DDGの規格の整備，成分向上や畜産農家への普及の促進そして

*49*

統計の整備が進んだ後に,分析が可能となるものと思われる。

## 第4節　今後の政策の展開方向および需給

### (1)「2005年エネルギー政策法」による新たな政策展開

　米国におけるエネルギー政策全般の中期的な政策指針を定めた「2005年エネルギー政策法（Energy Policy Act of 2005）」が2005年8月8日に成立した。同法は,エネルギーの海外依存度を下げるため,石油,天然ガス,石炭,原子力,再生可能エネルギー,省エネについての広範なエネルギー施策を講じている。バイオエタノールとの関連では,バイオエタノールを主とする再生可能燃料の使用量を義務付ける「再生可能燃料基準（RFS, Renewable Fuel Standard）」が盛り込まれた。再生可能燃料基準では,自動車燃料に含まれるバイオ燃料の使用量を2006年の40億ガロン（1,514万キロリットル）から2012年までに年間75億ガロン（2,839万キロリットル）まで拡大することを義務化している（表1-7）。また,再生可能燃料使用に際しては,130億ドルもの連邦税の控除も認められた。2013年以降は,2012年までの導入状況を踏まえて決定されることになっており,その量にはセルロース系原料から製造したバイオエタノールを最低2.5億ガロン（95万キロリットル）を含むことが定められている。

　米国エネルギー省でもバイオエタノールを中心とするバイオ燃料の使用量は早期に2012年の義務量をクリア出来るとの認識を示している[21]。2013年以降の義務設定量は,義務量を早期にクリアすることにより,さらに高い義務目標が設定される可能性が高い。

　また,1990年の改正大気浄化法（Clean Air Act Amendments）の施行により,EPAが定める特定の大気汚染物質の環境基準のうち,オゾンの基準値が達成出来ていない地域については,EPAより改質ガソリン（Reformulated Gasoline：RFG）として,含酸素燃料の添加（含酸素量の基準値は最低2.0%～最大2.7%）が義務付けられたが,2005年エネルギー政策

表1-7 RFS（再生可能燃料基準）における使用義務量の推移

| | 再生燃料導入量 | |
|---|---|---|
| 2006年 | 40億ガロン | （約1,500万キロリットル） |
| 2007年 | 47億ガロン | （約1,800万キロリットル） |
| 2008年 | 54億ガロン | （約2,000万キロリットル） |
| 2009年 | 61億ガロン | （約2,300万キロリットル） |
| 2010年 | 68億ガロン | （約2,600万キロリットル） |
| 2011年 | 74億ガロン | （約2,800万キロリットル） |
| 2012年 | 75億ガロン | （約2,840万キロリットル） |

（資料）RFA（2006）。

法では，施行後270日以内に改正大気浄化法において定められている改質ガソリンの含酸素燃料の添加要件を廃止することが定められた。これにより，EPAでは2006年5月に含酸素要件を廃止し，これに替わる規制として2006年に米国で販売されるガソリンの2.78％を再生可能燃料で賄うことを義務付けている。なお，これは2006年中にバイオ燃料40億ガロン（1,514万キロリットル）の使用量義務付けに相当する量である。

今回の法案審議で争点となったMTBEの自動車燃料添加物の利用について，下院案ではMTBEの使用が2004年12月31日以降，禁止とされる条項が盛り込まれたものの，上院で否決され，結果としてMTBEの規制は法律には規定されなかった。しかしながら，MTBEの製造業者を製造物責任法から免責する条項が削除されたことは極めて重要である。このことは，MTBEが地中に埋められたパイプラインや，ガソリンタンクの亀裂を通じて漏れて，地下水を汚染した場合は地域住民といった関係者に莫大な慰謝料を払うことになるため，MTBE製造業者にとっては不利となる。この免責事項の削除は，MTBEからバイオエタノールへの代替加速を促す大きな要因となっている。2005年エネルギー政策法の施行（2006年5月）により，これまでMTBEを製造してきた石油製造大手企業は，MTBEを国内向けに供給した場合は，多額の損害賠償訴訟に発展しかねないと判断し，5月上旬までに国内向けのMTBE製造を自主的に中止している。また，前述のとおり，改質ガソリン（RFG）の含酸素燃料の添加要件が廃止されたため，ドライバーがMTBEをガソリンに添加する必要性がなくなった。このため，

MTBE規制を行っていない州は依然として残っているものの，米国エネルギー省の見通しでは2006年にMTBEの国内生産量は激減し，2008～2009年以内に完全に米国の市場から淘汰される可能性が高い[21]。なお，このMTBEは国内向けの製造が中止されるのみで，規制が行われていないメキシコ向けを中心とした輸出用として生産が継続される。

MTBEからバイオエタノールへの代替は2002年以降から進んでおり，これまで，バイオエタノール需要増大の最大の要因であった。しかしながら，MTBEの規制を行わない州は残存しているものの，2006年5月にはMTBEは免責事項の削除から製造業者が自主的に国内向けの製造を中止しており，MTBEは今後，数年以内に米国の市場から淘汰されていくものと考えられる。

### (2) 2006年および2007年米国大統領一般教書演説

ブッシュ米国大統領は，2006年1月31日，1年間の内政・外交全般にわたる施策指針を，上下院に表明する一般教書演説を行った。この中で，同大統領は米国経済は「石油依存症」の状態にあり，石油依存度を下げる重要性を示し，この対策として，2012年までにバイオエタノール燃料を実用化する目標，石油代替エネルギーの技術開発を重点項目として示した。

具体的には，バイオエタノールについてはとうもろこしのみならず，木材チップ，わら，干し草といったセルロース系原料からのバイオエタノール製造に関する技術開発を強化し，2007年度会計予算として1億5千万ドルを計上している。バイオエタノールが，大統領一般教書演説で言及されることは極めて異例のことであり，米国がいかにバイオエタノールの重要性を認識しているかが窺える。

米国エネルギー省では，セルロース系原料からのバイオエタノール生産について，2012年までに可変費用を1.00ドル/ガロンにまで下げることを目標としている[21]。しかしながら，木材から抽出したセルロース系原料からバイオエタノールを製造する技術は，米国以外の国・地域でも現在のところ実験

段階であり実用段階には至っていない。このため，今後，セルロース系原料からのバイオエタノール生産がバイオエタノールの主原料となるかどうかは今後の技術開発次第である。

さらに，2007年米国大統領一般教書演説において，中東諸国に対する石油依存度を軽減するためにエネルギーの多様化を推進し，今後10年間でガソリン消費量を20％削減する目標を表明した。バイオ燃料については木材チップ，牧草，農業廃棄物などを原料とする新たなバイオエタノール生産技術の開発等を推進するとともに，2017年までにバイオエタノールを中心とする再生可能燃料の義務目標を年間350億ガロン（約13,200万キロリットル）に設定する必要性を訴えた。この目標自体は法的拘束力を有しないものの，現行の義務目標を超える更なる再生可能燃料義務目標が米国上・下院議会に提案された[22]。

また，この一般教書演説の後に，米国農務省では2007年農業法に関する政府提案としてセルロース系原料からのバイオエタノール生産に関する調査・研究および生産振興に対して新規に16億ドルの支援プログラムを発表した。

### (3) 各州におけるバイオエタノール最低使用基準導入

州政府では，国際原油価格の高騰に伴うガソリン価格の高騰，大気環境の改善，農家・農村地域経済の活性化を，インセンティブとして連邦政府の計画とは別に，独自にバイオエタノール最低使用基準を導入する動きがみられる。ミネソタ州では，1992年より改正大気浄化法に基づいて，環境基準が未達成の地区（ミネアポリス市8地区）に対して，冬季に州内で販売されるガソリンに，バイオエタノール10％（E10）を混合することを義務付けており，1997年からは州全体でバイオエタノールの使用を義務付けた。そして，2005年から同州ではE10のバイオエタノール最低使用基準を定めた。ミネソタ州は知事の強いイニシアティブの下，ミネソタを「再生可能エネルギーにおけるサウジアラビアにするための計画」（Saudi Arabia of Renewable Energy）を2004年9月に発表し，2012年以降は，E20のバイオエタノール最低使用基

表1-8 州法で決定されたバイオエタノール最低使用基準

| 州名 | 開始年 | バイオエタノール混合比率 | 州法名 |
|---|---|---|---|
| ミネソタ | 2005 | 10% | SB4 |
| | 2013 | 20% | |
| ハワイ | 2006 | 10% | HS253 |
| モンタナ | 2006 | 10% | SB293 |
| ワシントン | 2008 | 2% | SB6508 |
| ミズーリ | 2008 | 10% | S142 |

(資料) RFA (2007)
(注) 1. 2006年7月現在。
　　 2. モンタナ州は生産量が一定量を超えた後、実施。

表1-9 州法で審議中のバイオエタノール最低使用基準

| 州名 | 開始予定年 | バイオエタノール混合比率 | 州法名 |
|---|---|---|---|
| テネシー | 2006 | 5% | HB846 |
| イリノイ | 2008 | 10% | SB2236 |
| アイダホ | 2010 | 10% | — |
| コロラド | 2010 | 10% | SB138 |
| アイオワ | 2015 | 25% | SBB3054 |
| オハイオ | 2010 | 10% | — |
| カリフォルニア | 2010 | 10% | AB1007 |
| ルイジアナ | 未定 | 2% | HB685 |

(資料) RFA (2007)。
(注) 2006年7月現在。

準の導入を州議会で決定した。ミネソタ州におけるバイオエタノール最低使用基準導入をうけて，モンタナ州は2005年からE10のバイオエタノール最低使用基準を，2006年からハワイ州でもE10のバイオエタノール最低使用基準を，ミズーリ州では2008年からE10のバイオエタノール最低使用基準を，ワシントン州でも2008年からE2のバイオエタノール最低使用基準を定めている（表1-8）。また，アイダホ，コロラド，カリフォルニア，アイオワ，イリノイ，オハイオ，ルイジアナおよびテネシーの8州において，バイオエタノール最低使用基準を定める法案が州議会に提出されている（表1-9）。このバイオエタノールの最低使用基準導入州は今後，さらに拡大していく傾向にある。

　これら各州におけるバイオエタノール最低使用基準は連邦政府による再生可能燃料基準とは別の基準である。米国エネルギー省ではこれらの各州の動きは今後のバイオエタノール需給に大きな影響を与える要因として注目して

いる[21]。このように，連邦政府の再生可能燃料基準とは別に州政府が独自に最低使用基準を設置している動きは今後，さらに拡大するとみられ，今後のバイオエタノール需給に，大きな影響を与えることが考えられる。

### (4) 今後のバイオエタノール需給に影響を及ぼす要因

今後のバイオエタノール需給に影響を及ぼす要因としては，国際原油価格，バイオエタノールに関する補助措置，バイオエタノールに関する政策があげられる。

まず，国際原油価格については，バイオエタノールの需要にも大きく影響するとともに，経済活動を行う各部門にも大きな影響を与えるものである。さらには，現在の米国経済のみならず，世界経済にも大きく影響するものである。ガソリン価格とバイオエタノール価格は，正の相関関係にあり(Paulsonほか 2004)，バイオエタノールはガソリンの代替財であるため，国際原油価格上昇に起因するガソリン価格上昇は，代替財であるバイオエタノール需要量を増加させるとともに，バイオエタノール価格も上昇させる(Higginsほか 2006)。米国では，バイオエタノール需要量の99.0%がE10のガソホールに使用されており，残りの1.0%がフレックス車によるE85の需要である(USDE-EIA 2006b)。国際原油価格の高騰の動きは，幾つかの複雑な影響をバイオエタノール需要に与える。まず，E10によるガソリンへの混合は，ガソリン補完財であるため，ガソリン価格上昇はバイオエタノール需要量の減少をもたらす。つぎに，E85はガソリン代替財であるため，ガソリン価格上昇はバイオエタノールの需要量増加をもたらす。さらに，国際原油価格上昇は，バイオエタノール普及のインセンティブとなる。これは，ガソリン代替財としてのバイオエタノール需要量増加を促す効果となる。ここで重要なのは，ガソリン価格上昇によりバイオエタノールのガソリン混合推進地区およびE85推進地区がどの程度拡大するかである。つまり，ガソリン価格上昇により自発的にバイオエタノールを導入する地区が，どの程度現れてくるかが今後の鍵となる。

バイオエタノールに対して最も影響を与える要因として，再生可能燃料基準による義務目標の早期達成と更なる義務目標設定の動き，各州におけるバイオエタノール最低使用基準の設置州の増加などバイオエタノールに関する政策が，今後のバイオエタノール需給を決定する上でも極めて重要な要因である。

## (5) バイオエタノール・とうもろこし需給展望

### 1) 米国エネルギー省の予測

米国エネルギー省が，2007年2月に発表した"Annual Energy Outlook 2007"（USDE-EIA 2007）のReference caseによると，2004年から2030年にかけてガソホール用バイオエタノールの需要量は，年率5.3％増加，E85用バイオエタノール需要量は年率11.8％増加することが予測されている。そのうち2025年においても，とうもろこしが全体の需要量の約9割を占めていることが予測されている。この予測結果では，国際原油価格[23]は2005年の56.7ドル/バレルから2030年には59.1ドル/バレルと年平均0.2％の上昇が前提とされている。

### 2) 米国農務省の予測

つぎに，米国農務省の"USDA Agricultural Baseline Projections to 2016"（2007年2月）（USDA 2007c）をみてみると，平年並みの天候および現行の農業政策が，米国のみならず世界各国・地域において今後も継続し，国際原油価格が2004年の48.9ドル/バレルから2016年には73.1ドル/バレルへと上昇する前提において，米国のとうもろこし生産量は，2005/06年度から2016/17年度にかけて年平均2.0％増加することが予測されている（**表1-10**）。同期間中，総需要量は年平均2.2％の増加となっており，このうち飼料用需要量は同0.2％の減少，バイオエタノール用需要量は同8.7％の増加が予測されている。このように，米国農務省の予測でもバイオエタノール用需要量の伸びは，他用途の需要に比べて高い伸び率が予測されている。また，バイオ

第1章 米国におけるバイオエタノール需給と政策

表1-10 米国におけるとうもろこし需給予測（米国農務省）

（単位：1,000トン）

| | 生産量 | 輸入量 | 輸出量 | 期末在庫量 | 需要量 | うち飼料用需要量 | うちバイオエタノール用需要量 |
|---|---|---|---|---|---|---|---|
| 2005/06 | 282,245 | 229 | 54,534 | 50,063 | 231,572 | 155,854 | 40,716 |
| 2006/07 | 272,923 | 254 | 55,880 | 23,749 | 243,586 | 153,670 | 54,610 |
| 2007/08 | 306,451 | 381 | 48,895 | 16,764 | 264,922 | 147,955 | 81,280 |
| 2008/09 | 322,072 | 508 | 46,990 | 15,748 | 276,606 | 146,685 | 93,980 |
| 2009/10 | 326,009 | 635 | 46,990 | 14,732 | 280,670 | 145,415 | 99,060 |
| 2010/11 | 334,010 | 508 | 48,895 | 16,256 | 284,099 | 146,050 | 101,600 |
| 2011/12 | 337,947 | 508 | 50,800 | 17,018 | 286,893 | 146,685 | 103,505 |
| 2012/13 | 342,011 | 508 | 52,070 | 17,780 | 289,687 | 147,320 | 105,410 |
| 2013/14 | 345,948 | 508 | 53,340 | 18,415 | 292,481 | 148,590 | 106,680 |
| 2014/15 | 350,012 | 508 | 54,610 | 19,050 | 295,275 | 149,860 | 107,950 |
| 2015/16 | 353,949 | 508 | 55,880 | 19,431 | 298,196 | 151,130 | 109,220 |
| 2016/17 | 358,013 | 508 | 57,150 | 20,447 | 300,355 | 151,765 | 110,490 |
| 2005/06-2016/17年度平均増加率 | 2.0% | 6.9% | 0.4% | -7.2% | 2.2% | -0.2% | 8.7% |

（資料）USDA(2007c)

エタノール用需要量の全需要量に占める割合も，2005/06年度の17.6%から2016/17年度の36.8%に拡大することも予測されており，全需要量に占めるバイオエタノール用需要量は，今後も拡大することが予測されている（USDA 2007c）。

この予測結果について，米国農務省では，生産量は，遺伝子組み換え品種の作付け比率の増加や栽培技術の向上により，今後も単収は増加することを見込んでいる（USDA 2007c）。これに加え，今後もバイオエタノール用需要量増加を背景にとうもろこし生産者価格が大豆生産者価格に比べて有利に展開することから，大豆からとうもろこしへの作付け転換が進み，とうもろこしの栽培面積が増加する。このため，とうもろこしの生産量は今後増加することを米国農務省は見込んでいる（USDA 2007c）。このため，米国農務省の予測では今後，生産量が増大するため，同予測のように年率0.4%の増加率で着実に輸出量を増加させることが可能としている[24]。

また，今後，バイオエタノール向け需要量が増加することによって，価格上昇を通じて飼料用，食用，糖化用，その他工業用向け需要量を減少させる

ことが予想される。また，大豆からとうもろこしへの作付けシフトによる大豆生産量減少を通じた大豆需給や飼料価格上昇を通じた米国内の畜産物需給にも影響を与えることが考えられる。

### 3）今後のバイオエタノール・とうもろこし需給展望

米国では，1990年以降，改正大気浄化法による含酸素燃料添加の義務付け，MTBEからの代替によりバイオエタノール需要量・生産量が増加した。2005年エネルギー政策法による「再生可能燃料基準」の早期達成とこれに伴う更なる義務量の設定の可能性，各州のバイオエタノール最低使用基準の設定の増加，国際原油価格の上昇に伴い，今後，バイオエタノール需要量が増加するものと考えられる。米国ではセルロース系原料からのバイオエタノール生産の実用化に向けて技術開発を強化していくが，生産拡大には課題も多いため，米国エネルギー省の予測結果のように，2025年においてもとうもろこしを原料とするバイオエタノールが全生産量の約9割と現在の使用比率と変わらないことが考えられる。

今後，とうもろこし総需要量に占めるバイオエタノール向け需要量の割合は増加が見込まれ，需要量が増大するバイオエタノール需要量に対して，とうもろこし生産がキャッチ・アップ出来るかが需給の鍵を握ることとなる。米国では2004/05年度は史上最高，2005/06年度も過去2番目のとうもろこし生産量を記録してきたが，今後も増大が予想されるバイオエタノール需要量を満たしていくことや，世界最大のとうもろこし輸出国として輸出量を維持していくために，過去最高のとうもろこし生産量を達成し続けていかなければならないことを意味する。今後もとうもろこし生産量が高水準で推移していくためには，大豆からとうもろこしへの作付けシフトに加えて，単収の増加が必要である。

米国農務省では，遺伝子組み換え品種の作付け比率の増加，栽培技術の向上，大豆からとうもろこしへの作付け比率の増加に伴い，今後も着実にとうもろこしの生産量および輸出量が増加していくことを予測している（USDA

2007c)。また，この予測は平年並みの天候を前提としているため，今後の天候要因（特に7月の受粉期における干ばつ等）により生産量が停滞する場合は，米国では生産量の伸びが需要量の伸びを下回り，輸出量が減少する可能性もある。

米国のとうもろこし輸出量が減少することは輸入国にも影響を与えると同時に米国のとうもろこし輸出市場にも影響を与える。この点について米国農務省では以下の見通しを示している（USDA 2006a）。

(a) 日本や台湾のように，国民1人当たりの所得が高く，とうもろこしに代替する穀物生産量が少ない国では，国際とうもろこし価格が上昇しても米国産とうもろこし輸入量にはそれほど変化はないとの見通し。

(b) カナダのように，国民1人当たりの所得が高く，米国産とうもろこしに代替するだけのとうもろこしや代替する穀物の国内生産量を有する国では，国際とうもろこし価格が上昇した場合は，国産とうもろこしや穀物の生産量を増加することで対応するため，米国産とうもろこしの輸入量が減少する見通し。

(c) エジプト，中米，カリブ海諸国のように国民1人当たりの所得が低く，とうもろこしや代替する穀物生産量の低い国では，国際とうもろこし価格が上昇した場合は各国の需要量が減少するため，米国産とうもろこしの輸入量が減少する見通し。

以上より，米国農務省では，国際とうもろこし価格が高騰しても日本は十分な購買力があるため，必要量は問題なく購入し，米国からの輸入量にはほとんど変化がないと判断している。また，以上の見解には中国が触れられていないが，今後，とうもろこしの純輸入国となることが予測される中国（USDA 2007c）が，国際とうもろこし価格が高騰した際にとうもろこしの国内需給不足分を米国からの輸入で手当てしようとする場合は，さらに国際とうもろこし需給をひっ迫させ，国際価格を上昇させることも考えられる。

米国農務省が2007年5月に発表したレポート（"Ethanol Expansion in the United States-How will the Agricultural Sector Adjust"?）（USDA 2007a）

では,"USDA Agricultural Baseline Projections to 2016"(2007年2月)(USDA 2007c)の解説版として,バイオエタノール需要拡大により,今後もとうもろこし価格が上昇する直接的影響の他に,間接的影響として2005/06年度から2016/17年度の予測期間中[25],大豆価格の上昇(予測期間中年平均1.5%上昇),飼料価格上昇による畜産物小売価格上昇(予測期間中牛肉年平均1.4%上昇,鶏肉同1.3%上昇,鶏肉同1.5%上昇)をもたらすことを示した。

また,アイオワ州立大学の研究チームは2007年5月にバイオエタノール生産増に伴う飼料価格高騰等によって,10年後の食品価格が上昇するとの報告書を発表した(Tokgoz etc 2007)。特に,予測期間である2006〜2016年にかけて輸入原油価格が約60〜54ドル/バレルで推移することを前提としたベースライン予測に比べて,予測期間中,さらに10ドル/バレル高騰するシナリオを設定したところ,ベースライン予測に比べて2016年の米国の食肉価格全体で6.3%,鶏肉価格が8.5%,豚肉価格が7.5%,牛肉価格が6.8%上昇し,米国のとうもろこし輸出量は62.8%減少すること等を予測している[26]。なお,アイオワ州立大学の研究は,米国食肉協会(AMI),全国肉用牛生産者牛肉協会(NCBA)がスポンサーとなり,米国農務省等からの補助金も受けてアイオワ州立大学が行ったものであるため,バイオエタノール需要拡大による飼料価格高騰を懸念する畜産,食肉団体の意向が強く働いている点に留意する必要がある。

## 第5節 結論

米国では,1970年代からエネルギー,環境および農業対策からバイオエタノール政策が推進されている。米国では,1990年以降,改正大気浄化法による含酸素燃料添加の義務付け,MTBEからの代替によりバイオエタノール需要量・生産量が増加した。さらに,米国におけるエネルギー政策全般の中期的な政策指針を定めた「2005年エネルギー政策法(Energy Policy Act of

2005)」においてバイオエタノールを主とする再生可能燃料の使用量を義務付ける「再生可能燃料基準（Renewable Fuel Standard）」が盛り込まれた。再生可能燃料基準では，自動車燃料に含まれるバイオ燃料の使用量を2006年の40億ガロン（1,514万キロリットル）から2012年までに年間75億ガロン（2,839万キロリットル）まで拡大することを義務化した。また，再生可能燃料使用に際しては，130億ドルもの連邦税の控除も認められた。

また，「2005年エネルギー政策法」のMTBE免責事項については，2006年5月に施行されることに伴い，MTBE製造業者は自主的に国内向けのMTBE製造を中止しており，2006年はMTBEからバイオエタノールへの代替がさらに加速するものと思われる。これまで，MTBEの規制はバイオエタノール需給に大きな影響を与えてきたが，MTBEは今後，米国の市場から淘汰されることが考えられる。

さらに，連邦政府の再生可能燃料基準とは別にミネソタ州，モンタナ州，ハワイ州，ミズーリ州およびワシントン州の各州政府が独自にバイオエタノールの最低使用基準を設置している。設置州は今後，さらに拡大し，バイオエタノール需給に，大きな影響を与えることが考えられる。

今後のバイオエタノール需給に影響を及ぼす要因としては，2005年エネルギー政策法による「再生可能燃料基準」の早期達成と更なる義務目標設定の動き，新たなバイオエタノール最低使用導入州の増加，国際原油価格の上昇が，バイオエタノール需給を決定する上で極めて重要な要因である。

米国エネルギー省および農務省の予測では，とうもろこしを原料とするバイオエタノール需要量は，今後も拡大することが予測されており，需要量が増大するバイオエタノール需要量に対して，とうもろこし生産がキャッチ・アップ出来るかが今後の需給の鍵を握る。今後，米国がとうもろこしの輸出や他の用途を拡大する際には，増加するバイオエタノール需要量が制約要因となる。

米国では2004/05年度は史上最高，2005/06年度も過去2番目のとうもろこし生産量を記録してきたが，今後も増大が予想されるバイオエタノール需要

量を満たしていくことや，世界最大のとうもろこし輸出国として輸出量を維持していくために，今後も過去最高のとうもろこし生産量を，達成し続けていかなければならないことを意味する。今後もとうもろこし生産量が高水準で推移していくためには，さらに単収を増加させることが必要である。

　米国農務省によると，遺伝子組み換え品種の作付け比率の増加，栽培技術の向上，大豆からとうもろこしへの作付け比率の増加に伴い，今後も着実にとうもろこしの生産量および輸出量は増加していくことを予測している。しかしながら，この予測は平年並みの天候を前提としているため，今後の天候の変動（特に7月の受粉期における干ばつ）により生産量が停滞する場合は，生産量の伸びがバイオエタノール向け国内とうもろこし需要量増加を中心とする需要量の伸びを下回り，輸出量が減少する可能性もある。この世界最大のとうもろこし輸出国における輸出量の減少は国際とうもろこし需給にも影響を与え，国際とうもろこし価格の上昇を招く可能性がある。その場合はとうもろこし輸入量の95％[27]を米国に依存している日本の食料需給にも影響を与えることになる。

　さらに，今後，とうもろこしの純輸入国となることが予測される中国について，国際とうもろこし価格が高騰した際でもとうもろこしの国内需給不足分を米国からの輸入で手当てする場合は，さらに国際とうもろこし需給をひっ迫させ，国際価格を上昇させることも考えられる。

　また，とうもろこし価格上昇は，大豆からとうもろこしへの作付けシフトによる大豆生産量減少を通じた大豆需給や，飼料価格上昇を通じた米国内の畜産物需給にも影響を与えることが考えられる。さらに，とうもろこし価格上昇により，CRP（土壌保全プログラム）の契約期間が終了した土地にとうもろこし作付けを行う動きもみられており，土壌に対する悪影響も懸念される。

注
1）MTBE（メチル・ターシャリー・ブチル・エーテル）はメタノール・イソブ

チレンから製造。米国では含酸素燃料としてガソリンに11%混合されて使用。また，含酸素添加燃料としての機能のほかに，オクタン価向上剤としてガソリンに添加して使用。なお，このオクタン価とは，エンジン内でのノッキングの起こりにくさを示す値で，オクタン価が高い程ノッキングが発生しにくくなることを示す。エンジンが不完全燃焼を起こすことによって一酸化炭素は発生するが，酸素を含有しないガソリンに酸素を含有するバイオエタノールおよびMTBEといった含酸素添加燃料を混合することにより，エンジンの不完全燃焼を抑制し，一酸化炭素の排出量を抑制することが出来る。改正大気浄化法施行以降，需要量が急増した。

2) エンジンが不完全燃焼を起こすことによって一酸化炭素は発生するが，酸素を含有しないガソリンに酸素を含むバイオエタノールおよびMTBEといった含酸素添加燃料を混合することにより，エンジンの不完全燃焼を抑制し，一酸化炭素の排出量を抑制することが出来る。

3) 生産年度を表す。米国のとうもろこしの場合，当該年の9月から翌年の8月までの期間である。

4) このほかにも，第2次世界大戦以前に中東をはじめ世界中で油田が発見され，国際原油価格が低下したため，バイオエタノールはガソリンに比べて割高となり，ガソリン混合燃料としての利用は1970年代のオイルショックまで米国政府関係者から注目されなかった。

5) 国際原油価格は，1973年に1バレル（1バレル＝159リットル）は4ドルから14ドルへと上昇。

6) 1ガロン＝3.785リットル。

7) バイオエタノールはパイプライン輸送に不向きであり，鉄道やタンクローリー車による輸送に頼らざるを得ない状況にある。この特性はバイオエタノール輸送にとりコスト高となり，ガソリンの輸送コストは60-68セント/ガロン（227-257セント/リットル），MTBEの輸送コストは75-85セント/ガロン（284-322セント/リットル）に対して，バイオエタノール輸送コストは110-120セント/ガロン（416-454セント/リットル）と割高となっている（Nalley and Hudson 2003）。

8) 2002年3月にカリフォルニア州知事（当時Gray Davis知事）は，MTBEの使用禁止に伴う代替バイオエタノールの供給確保が困難であること，および使用禁止に伴う国内ガソリン価格への影響を懸念し，2004年1月まで延長することを発表した（渡部 2003）。

9) 日本は18.2円/リットル（4.8円/ガロン）である。

10) 国内バイオエタノール関連産業を中心に税制控除と関税措置の延長を連邦政府および議会に対して強く要望している。

11) シカゴ市における自動車販売店（GM社系列）における調査結果（2006年7月）。

12) フレックス車を所有している者が，すべてガソリンにバイオエタノールを混合しているとは限らないものの，米国エネルギー省では，E85の需要量をフレックス車による需要量として試算・公表している。なお，このE85とはバイオエタノール85％・ガソリン15％混合であり，E10とはバイオエタノール10％・ガソリン90％混合，E5とはバイオエタノール5％・ガソリン95％混合を意味する。
13) 米国とうもろこし生産者協会（NCGA）およびミネソタ州農業局からの聞き取り調査結果（2006年1月）。
14) 1ブッシェル＝25.4kgである。
15) 原料費，労務費，保守管理費込み，設備投資費用を除く。
16) 小麦，米，大麦，ライ麦，グレインソルガム，オート麦，イモ類，てんさい，さとうきびのバイオエタノール生産コストは，Shapouri, Duffield and Wang（2002）によるとうもろこしからバイオエタノールの製造コストをもとにUSDA（2002b）による各作物からのバイオエタノール収量ととうもろこしからのバイオエタノール収量の比から算出した。
17) バイオエタノールの国際コストについては，中国については，国家発展改革委員会からの聞き取り調査（2005年1月）に基づくデータ（小泉　2006）を使用。ブラジルについては，Macedo（2005）からデータを得た。
18) 米国では，ブラジル政府が無水バイオエタノールのガソリン混合率（20-25％）を設定していることを補助相当として認識している。
19) 農務省，イリノイ州政府からの聞き取り調査（2006年7月）。
20) 乾物量換算。
21) エネルギー省担当官からの聞き取り調査結果（2006年7月）。
22) 上院農業委員会委員長であるハーキン議員らは再生可能燃料使用基準を2020年までに年間300億ガロン（1億1,400万キロリットル），2030年までに同600億ガロン（2億2,800万キロリットル）まで引き上げる案を2007年1月に議会へ提出した。また，上院ビンガマン委員長らは2022年までにバイオ燃料使用量を360億ガロン（1億3,600万キロリットル）まで引き上げる法案を2007年3月に議会へ提出した。2007年6月に可決された「エネルギー政策法」上院案では，2022年までに360億ガロンの再生可能燃料基準を導入し，うち210億ガロン（7,980万キロリットル）はセルロース系原料からのバイオエタノール等を義務付ける案が示された。一方，2007年8月に可決された同法下院案では，現行を上回る更なる再生可能燃料基準の導入は盛り込まれなかった。再生可能燃料基準以外にも「エネルギー政策法」上下院案ではその内容に大きな隔たりがあるため，両院協議会で一本化の作業が行われている（2007年8月現在）。
23) U.S. Imported Low Sulfur Light Crude Oil Price（UEDE-EIA　2007）。

24) 農務省経済研究所（USDA-ERS）飼料穀物担当上級エコノミストからの聞き取り調査結果（2006年7月）。
25) 畜産物についての予測期間は2005年から2016年である。
26) 本研究では米国の他，日本を含む世界主要国・地域における穀物・畜産物需給についても予測を行った。
27) 農林水産省大臣官房国際部国際政策課「農林水産物輸出入概況（2004年）」（農林水産省大臣官房国際部国際政策課 2005）における2004年の数量ベースのデータから算出した。

第2章

# ブラジルにおけるバイオエタノール需給と政策

## 第1節　はじめに

　ブラジルではさとうきびからバイオエタノールを生産している。ブラジルのバイオエタノール生産量は1,783万リットルであり，世界のバイオエタノール生産量の34.7%を占めているとともに，世界最大のバイオエタノール輸出国である（F.O. Licht　2007）。また，ブラジルは世界の砂糖生産の19.6%，貿易量については41.5%（USDA-FAS　2007b）を占める世界最大の生産国・輸出国であり，ブラジル国内の需給変動が国際砂糖需給に大きな影響を与えている。ブラジルは今後，さらにバイオエタノール・砂糖の輸出量拡大指向を高めていることから，国際バイオエタノール・砂糖市場からますます注目されている。

　これまで，ブラジルのバイオエタノール・砂糖政策，需給および輸出競争力に関係する研究では，まず，Boling and Suarez（2002）は砂糖生産の主な規定要因はバイオエタノール政策であることを論じている。また，Walter（2002）はブラジルにおける砂糖需給とバイオエタノール政策の相関関係が強いことを論じている。Schmitz, Seale and Buzzanell（2003）はガソリンへの無水エタノール[1]混合比率がさとうきびの需給に与える影響について分析を行った。Koizumi and Yanagishima（2005）はバイオエタノール政策の変更が原料作物であるさとうきびの配分を通じて国際砂糖需給に

与える影響について計量経済モデルを開発して分析を行った。

　ブラジル政府では2005年9月に「国家アグリエネルギー計画」を発表し，バイオエタノールの輸出の拡大を積極的に行う政策を打ち出した。これは，これまで国内需要向けが中心であったバイオエタノールの位置付けを変える大きな政策策転換である。また，「フレックス車」[2]の販売増加により，従来とは大幅に需給構造が異なってきている。砂糖についてもさらに輸出拡大指向が強まる状況下で，ブラジルはバイオエタノール・砂糖双方の生産量を増加していかなければならない状況にある。

　これまで，ブラジルにおけるバイオエタノールの輸出拡大を核とする政策の食料需給・環境への影響についての考察を行った研究は世界的にみても行われていない。本章では，ブラジルにおけるバイオエタノール・砂糖の供給力を規定する要因を明らかにした上で，今後のブラジルのバイオエタノール政策の展開がエネルギーと食料との競合，さとうきび単作化・増産に伴う環境への負荷について考察を行うことを目的とする[3]。本章執筆に当たって，筆者は2002年8月，2004年3月および2005年11月にブラジル農務省，サン・パウロ州，砂糖・エタノール団体（UNICA），砂糖・バイオエタノール工場（COSAN社ピラシカーバ工場：サン・パウロ州ピラシカーバ市）において現地調査を行った。

## 第2節　ブラジルのバイオエタノール・砂糖政策の展開と需給

### (1) 政策の展開

　バイオエタノールについては1931年にブラジル政府はガソリンへのバイオエタノール混合（5％）の義務付けを行った。1933年には大統領令22,789号に基づき，砂糖・アルコール院（IAA）[4]が設立され，政府はIAAを通じたバイオエタノール・砂糖市場への本格的な生産規制・貿易規制を開始した。

第2章　ブラジルにおけるバイオエタノール需給と政策

表2-1　ブラジルにおける砂糖・バイオエタノール政策の推移

| 年 | 内容 |
|---|---|
| 1929年 | 国際砂糖価格急落に伴う政府介入開始 |
| 1931年 | ガソリンにバイオエタノール混合を義務付け |
| 1933年 | 砂糖・アルコール院（IAA）設立（大統領令22,789号） |
| 1939年 | 砂糖・バイオエタノール生産割当上限設置 |
| 1973年 | 「第1次石油ショック」発生 |
| 1975年 | プロアルコール（PROALCOOL）開始（大統領令76,593号） |
| 1979年 | ・「第2次石油ショック」発生<br>・「アルコール車」の生産開始 |
| 1989～90年 | 含水エタノールの供給不足発生、「アルコール車」離れが進む。 |
| 1990年 | IAAの廃止（法律8,028号，8,029号）により砂糖輸出の自由化等の規制緩和策が推進。 |
| 1995年 | 砂糖の生産割当の廃止 |
| 1997年 | ・無水エタノール価格の自由化，バイオエタノール生産割当の廃止<br>・ペトロブラス流通・販売独占権の廃止 |
| 1999年 | 含水エタノール価格及びさとうきび価格の自由化 |
| 2003年 | ・フレックス車の販売開始<br>・ガソリンへの無水エタノール混合割合25％に設定（農務省令554号） |
| 2005年 | ・国家アグロエネルギー計画（The National Plan of Agroenergia）発表<br>・フレックス車が新車販売台数の7割を占める（10月） |
| 2006年 | ブラジルアグロエネルギー計画（Brazilian Agroenergy Plan 2006-2011）発表 |

（資料）清水（2005）を基に筆者作成。

　また，ブラジルでは1929年の世界恐慌に端を発する国際砂糖価格の急落により，砂糖に対する市場介入措置が行われて以来，砂糖市場への政府介入が行われてきた（表2-1）。

　1973年の第1次石油危機により，国際原油価格が4ドル/バレルから14ドル/バレルへと高騰し，当時，76.9％と原油輸入依存度の高かったブラジル経済に大きな打撃を与えた。このため，ブラジルでは石油輸入を抑制し，ガソリンの代替燃料としてさとうきびから生産されるバイオエタノールの使用を拡大することを主目的として，1975年に大統領令76,593号に基づき，自動車バイオエタノール燃料の導入・普及を促進するプロアルコール（PROALCOOL）政策が開始された。

　プロアルコール政策では，バイオエタノールの国内生産の拡大，需要促進を達成するため，IAAによる生産者買入価格および消費者売渡価格の固定（補償），新規増設工場への低利融資が行われたほか，国営石油企業であるペトロブラス社（Petrobras）に対してバイオエタノールの販売独占および一

部流通独占権が与えられた。また,1980年以降は含水エタノール100%で走るいわゆる「アルコール車」[5]に対する優遇税制措置やアルコール消費者価格がガソリン消費者価格に対して割安となるように優遇税制措置が適用された。このため,「アルコール車」の需要および含水エタノール[6]の需要は増大し,バイオエタノールの生産量も1975/76年度の55.6万キロリットルから1989/90年度の1,192万キロリットルへと増大した(Ministerio de Minas e Energia 2005)。

プロアルコール政策には合計123億ドルもの資金が投入された(Goldemberg 1996)が,それまで堅調であった国際原油価格が1986年以降,軟調に推移することにより,その政策意義が問われた。また,1989年の国際砂糖価格の上昇に伴い,バイオエタノール・砂糖製造業者が砂糖を増産し,バイオエタノール生産が減少したことから国内では深刻なバイオエタノール不足となり,このことが消費者の砂糖・バイオエタノール政策への不信を招き,「アルコール車」離れを加速化,需要量を低下させた。このため,消費者は「アルコール車」から「ガソホール車」[7]への人気が高まることとなった。

中南米では1980年代の債務危機を経て,世界銀行やIMFが主導する「市場原理主義」へと経済戦略の転換が行われ,ブラジルでも貿易自由化,資本自由化,国営企業の民営化,税制改革を大きな柱とする構造調整が1990年代に開始された。農業分野でも1990年より規制緩和,農業補助金の減額・廃止が行われた(清水 2005)。砂糖・バイオエタノールについても,1990年にIAAが廃止されたことにより,砂糖価格,販売および輸出の自由化が行われ,国内砂糖・バイオエタノール市場に対する政府介入は大きく緩和された。

「プロアルコール」は,大統領令76,593号によって1975年に開始され,1990年のIAAの廃止によって終了した。政府はIAAの後身であるSRD(地域開発事務局)を通じて市場介入を続けたものの,1995年の砂糖の生産割当の廃止,1997年の無水エタノール価格の自由化,バイオエタノール生産割当の廃止に加えて,ペトロブラス社による販売独占および一部流通独占権の廃止

第2章　ブラジルにおけるバイオエタノール需給と政策

が行われた。さらには，1999年には含水エタノール価格およびさとうきび価格の自由化が実施された。以上のように，ブラジルにおいて長期にわたって実行されてきたバイオエタノール・砂糖の生産，流通，販売に関する政府からの規制は多くが撤廃された。

残された規制はバイオエタノールと砂糖との需給を調整するために，農務大臣がガソリンへの無水エタノール混合割合を20-25％（プラスマイナス１％の変動も可）の範囲内で設定出来る農牧供給省令554号に基づく措置があり，2007年８月現在は25％に設定されている。ガソリンへの無水エタノール混合割合の設定については20-25％（プラスマイナス１％の変動も可）で調整出来るが，変動幅が小さいことからその影響度は限定的である。さらには，これまで国内では無水エタノールが需要の主流を占めていたが，今後，含水エタノール需要が主流となることからも無水エタノール混合割合は影響度を弱めていくことが予想される。この他にもさとうきびおよびバイオエタノールについての補助措置[8]はあるものの，そのバイオエタノール・砂糖需給への影響は限定的なものにとどまる。このように，2007年８月現在，ブラジルにおいては，バイオエタノール・砂糖の生産，価格，需要，貿易についての有効な市場介入措置は行われていない。

## (2) バイオエタノール・砂糖需給

バイオエタノールの2006年時点における世界の生産量は5,055万キロリットルである。ブラジルは1,783万キロリットルと世界の生産量の34.7％[9]を占め，米国に次ぐ世界第２位の生産国である（F.O. Licht　2007）。ブラジルの国内市場について鉱山エネルギー省の統計（Ministerio de Minas e Energia 2005）をみてみると，バイオエタノール混合ガソリン車の増加により，無水エタノールの需要量は，1989年[9]の170.2万キロリットルから2003年の739.2万キロリットルへと年平均増加率10.3％増加，生産量は1989年の149万キロリットルから2003年の883万キロリットルへと年平均増加率12.6％増加した（表2-2）。また，含水エタノールの需要量は，「アルコール車」の販売台数減

表2-2 ブラジルにおけるバイオエタノール需給の推移

(単位:1,000キロリットル)

|  | 1989年 | 1995 | 2000 | 2001 | 2002 | 2003 | 年平均変化率<br>(1989-2003年) |
|---|---|---|---|---|---|---|---|
| バイオエタノール |  |  |  |  |  |  |  |
| 　生産量 | 11,809 | 14,175 | 10,700 | 11,466 | 12,587 | 14,470 | 1.4% |
| 　需要量 | 13,426 | 15,226 | 12,386 | 11,583 | 12,515 | 11,912 | -0.8% |
| 　輸入量 | 0 | 2,425 | 64 | 118 | 2 | 6 | — |
| 　輸出量 | 0 | 403 | 227 | 320 | 767 | 767 | — |
| うち無水エタノール |  |  |  |  |  |  |  |
| 　生産量 | 1,494 | 4,433 | 5,644 | 6,481 | 7,040 | 8,832 | 12.6% |
| 　需要量 | 1,702 | 4,205 | 5,933 | 6,139 | 7,336 | 7,392 | 10.3% |
| 　輸入量 | 0 | 487 | 0 | 0 | 2 | 6 | — |
| 　輸出量 | 0 | 0 | 0 | 0 | 14 | 61 | — |
| うち含水エタノール |  |  |  |  |  |  |  |
| 　生産量 | 10,315 | 9,742 | 5,056 | 4,985 | 5,547 | 5,638 | -3.9% |
| 　需要量 | 11,724 | 11,021 | 6,453 | 5,444 | 5,179 | 4,520 | -6.2% |
| 　輸入量 | 0 | 1,938 | 64 | 118 | 0 | 0 | — |
| 　輸出量 | 0 | 403 | 227 | 320 | 753 | 706 | — |

(資料) Ministerio de Minas e Energia (2005)

少から1989年の1,172万キロリットルから2003年の452万キロリットルへと年率6.2%の減少,生産量についても1989年の1,032万キロリットルから2003年の564万キロリットルへと年平均増加率3.9%の減少となっている。

最近の需給について,農牧供給省の統計(Ministerio da Agricultura, Pecuaria e Abastecimento 2007)でみると無水エタノールの生産量は2003/04年度の876.8万キロリットルから2005/06年度の766.3万キロリットルと12.6%の減少であるが,含水エタノールについては587.2万キロリットルから814.5万キロリットルへと38.7%の増加である。この含水エタノール生産量の増加には,ガソリンとバイオエタノールが任意の混合割合を設定して走行出来る「フレックス車」が2003年から販売されたことが大きく影響している。「フレックス車」は,給油時に吸気口にあるセンサーがバイオエタノールかガソリンかを探知し,その信号をエンジン管理システムに送り,自動的に制御するシステムである。このシステムにより,ドライバーはガソリンとバイオエタノール比を双方の価格比に応じて柔軟に変えることが出来る。ブラジルにおける「フレックス車」はバイオエタノールの混合上限が100%であり,バイオエタノール使用の上限が85%の規格である米国版「フレックス車」と

第2章 ブラジルにおけるバイオエタノール需給と政策

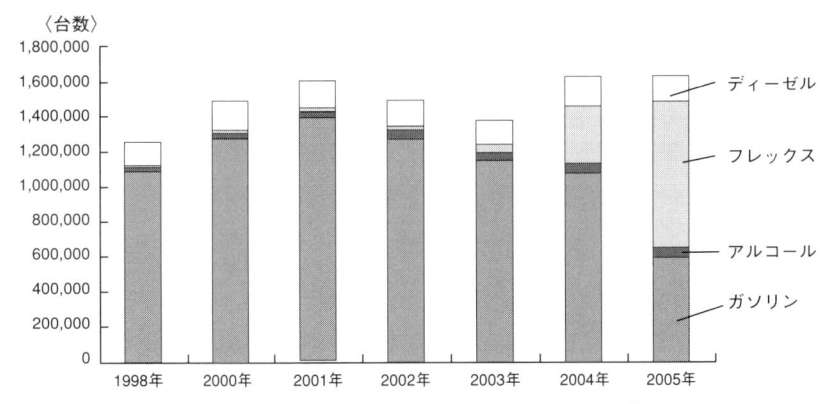

**図2-1 ブラジルにおける燃料別自動車販売台数の推移**
(資料) Fourin (2005)より作成。

は異なる規格となっている。

ブラジル政府によると，バイオエタノール価格がガソリン価格の70％以下の水準であればドライバーはガソリンよりもバイオエタノールを選択する傾向にあるとしている（Ministry of Agriculture, Livestock and Food Supply 2005）。2007年8月現在はガソリン価格が堅調に推移しているため，一般にガソリン価格がバイオエタノール価格に比べて高く[10]，ドライバーは「フレックス車」にバイオエタノールを100％給油する傾向が強い[11]。

この「フレックス車」は2004年には新車販売台数の35％程度であったが，その後に販売比率を伸ばし（図2-1），2006年10月には72％を占めており（Brazilian Automotive Industry Association 2006b），ブラジル政府の立てた3～4年後には新車販売台数の70％となるという2005年9月段階の見通し（Ministry of Agriculture, Livestock and Food Supply 2005）を月次の値としては既に超えている[12]。2007年現在，VW，フィアット，GM，フォード，ルノー，プジョーが「フレックス車」を生産・販売しており，国際原油価格の高騰によるガソリン価格上昇を受けて，今後も「フレックス車」の販売は増加することがブラジル農牧供給省により見込まれている（Ministry of Agriculture, Livestock and Food Supply 2005）。以上のことから，ブラジルでは「フレックス車」の急増による国内含水エタノール需要量が再び増加

表2-3 ブラジルにおける砂糖の需給

(単位:1,000トン)

| | 1990/91年度 | 1995/96 | 2000/01 | 2001/02 | 2002/03 | 2003/04 | 2004/05 | 2005/06 | 2006/07 | 年平均変化率(1989/91-2006/07) |
|---|---|---|---|---|---|---|---|---|---|---|
| 生産量 | 7,900 | 13,700 | 17,100 | 20,400 | 23,810 | 26,400 | 28,175 | 26,850 | 31,600 | 8.5% |
| 輸入量 | 81 | 0 | 0 | 0 | 0 | 0 | 0 | 0 | 0 | — |
| 輸出量 | 1,300 | 5,800 | 7,700 | 11,600 | 14,000 | 15,240 | 18,020 | 17,090 | 20,250 | 17.5% |
| 需要量 | 7,088 | 8,100 | 9,250 | 9,450 | 9,750 | 10,400 | 10,600 | 10,630 | 10,800 | 2.5% |
| 期末在庫量 | 757 | 510 | 860 | 210 | 270 | 1,030 | 585 | 285 | 265 | -6.0% |

(資料) USDA-FAS (2007b)より作成。

表2-4 ブラジルにおけるさとうきび,砂糖およびバイオエタノール地域別生産量(2004/05年度)

| | さとうきび(1,000トン) | 砂糖(1,000トン) | バイオエタノール合計(1,000キロリットル) | | うち含水エタノール |
|---|---|---|---|---|---|
| | | | | うち無水エタノール | |
| 北・北東部 | 54,518 | 4,409 | 1,687 | 885 | 802 |
| 中・南部 | 323,995 | 21,854 | 13,271 | 7,246 | 6,025 |
| うちサン・パウロ州 | 227,243 | 16,244 | 9,033 | 5,307 | 3,726 |
| 合計 | 378,513 | 26,263 | 14,958 | 8,131 | 6,827 |
| 中・南部の割合(%) | 85.6% | 83.2% | 88.7% | 89.1% | 88.2% |
| サン・パウロ州の割合(%) | 60.0% | 61.9% | 60.4% | 65.3% | 54.6% |

(資料) FNP(2005)より作成。

することが考えられる。また,「フレックス車」の増加により,国内エタノール価格とガソリン価格は連動性を強めていくことも考えられる[13]。

ブラジルの砂糖生産量は1990/91年度の790万トンから2006/07年度には3,160万トンと年平均増加率8.5%増加しており,世界の生産量の19.6%を占める世界最大の砂糖生産国である(USDA-FAS 2007b)(表2-3)。また,輸出量についても1990/91年度の130万トンから2006/07年度には2,025万トンと年平均増加率17.5%と増加しており世界砂糖輸出量の41.5%を占める世界最大の輸出国である(USDA-FAS 2007b)。

つぎにブラジル国内の地域別生産構造をみてみると,中・南部がさとうきび,砂糖およびバイオエタノールの生産の中心であり,さとうきびでは85.6%,砂糖では83.2%,バイオエタノールでは88.7%を占めている(FNP 2005)(表2-4)。このうち,サン・パウロ州では全国のさとうきび,砂糖およびバイオエタノール生産の約6割を占めており,サン・パウロ州における生産比重が極めて高い。

〈生産者支払価格：US$/バレル〉

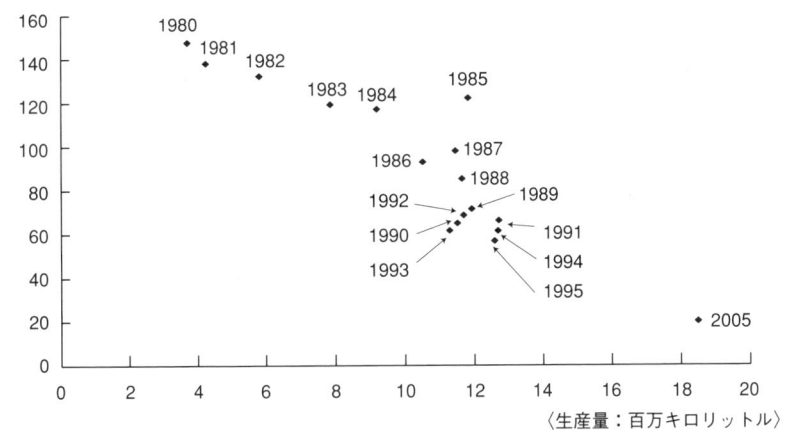

図2-2 ブラジルにおけるバイオエタノール生産コストの推移
（資料）Moreira and Goldemberg (2005) を基に筆者作成。
（注）1996～2004年にかけてのデータが不足している。

## (3) バイオエタノール生産コスト

さとうきびの生産コストについては，植付け準備作業に1,034.2レアル/ha，植付けに2,073.0レアル/ha，栽培に753.6レアル/ha，収穫に988.64レアル/haと合計で4,849.5レアル/haである（UNICA 2005）。

ブラジルのバイオエタノールの生産コストについては生産および流通に関する投資の増大や醸造技術を中心とする技術の向上により，1980年以降，減少傾向にあり（図2-2），2005年の生産コストである20セント/リットルについては，ガソリン生産コスト[14]の22～31セント/リットルに比べても低く（Macedo 2005），ガソリン価格に対して，価格面での優位性を持っている。

また，ブラジルの砂糖生産コストは180ドル/トンであるが，これは豪州の335ドル/トン，米国の350ドル/トン，EUの710ドル/トンに比べて著しく低い（UNICA 2005）。一方，バイオエタノールについてはブラジルの生産コストの20セント/リットルに対して，米国の25セント/リットル（Shapouri, Duffield and Wang 2002），EUの55セント/リットルである（Macedo

2005)。以上のように,ブラジルにおける砂糖・バイオエタノール生産コストは他の主要生産国に比べても低く,価格面において優位性がある。

## 第3節　バイオエタノール・砂糖の供給力を規定する要因

　2005年12月現在,ブラジルには324ものバイオエタノール・砂糖工場があるが,そのうち8割を占める252社がバイオエタノール・砂糖双方の生産施設を有している[15]。1975年からのプロアルコールの推進以降,バイオエタノール工場は既存の砂糖工場に併設されるケースが多く,バイオエタノール・砂糖双方の生産を行える工場の割合は増加傾向にある一方,バイオエタノール・砂糖生産のみ行う工場の割合は減少傾向にある。ブラジルにおけるバイオエタノール・砂糖生産における大きな特徴は,バイオエタノール・砂糖両方を生産出来る工場の割合が全体の8割と多数を占めていることである。

　ブラジルでは,さとうきびからバイオエタノール・砂糖生産までは「USINA」と呼ばれる各工場単位で一貫して行われるケースが多く,法人である「USINA」が農地を購入,貸与して社員又は臨時雇用者がさとうきびの栽培,収穫,砂糖・バイオエタノールの製造,品質管理までを行っている。また,「USINA」は自社でさとうきびの栽培,収穫を行う他に一般の農家にも生産の委託を行っている。なお,生産委託分は3割であり,残りの7割はUSINAが生産を行っている（加藤・竹中　2005）。

　さとうきびからのバイオエタノール・砂糖製造工程については,さとうきびを圧搾し,糖汁を抽出し,それを洗浄する工程までは世界中どこにでもある砂糖製造工程であるが,ブラジルの場合はこの糖汁を「USINA」がバイオエタノール・砂糖向けの配分比率を決定し,砂糖とバイオエタノールの工程に分けることが他の生産国との大きな違いである（図2-3）。

　この後に,バイオエタノールについては糖汁を発酵させ,蒸留工程で不純物を除去し,アルコール度95%以上の高濃度のバイオエタノールが生産され,

第2章 ブラジルにおけるバイオエタノール需給と政策

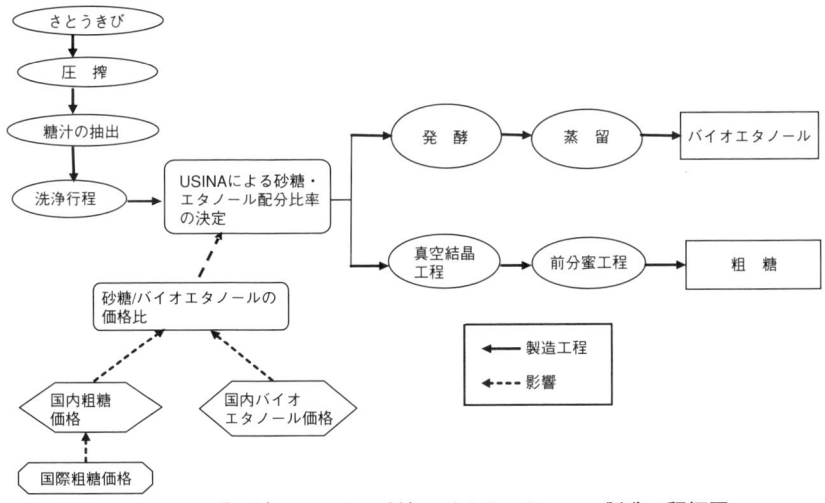

**図2-3 ブラジルにおける砂糖・バイオエタノール製造工程概要**
(注) 現地調査を基に筆者作成。

それが含水エタノールと無水エタノールとに分けられる。

また，砂糖に仕向けられた糖汁は真空結晶管で真空状態のもとで濃縮し，結晶を成長させる（真空結晶工程）。この後に，遠心分離器により結晶と糖蜜の混合物から結晶を取り出す（前分蜜工程）工程の後に粗糖が生産される。ブラジルにおける粗糖の生産では1番糖のみを使用しているため，粗糖としては極めて糖度の高いVHP糖（糖度：99.2度以上）として輸出されている。輸出されたVHP糖は各輸入国において精製糖業者により，精製糖に加工されるが，VHP糖は，一般の粗糖より糖度が高く，輸入国では精製コストが削減できるメリットがある（加藤・竹中 2005）。このためブラジルの砂糖（粗糖）はコストのみならず品質面でも優位性がある。

ブラジルにおけるバイオエタノール・砂糖生産における大きな特徴は砂糖とバイオエタノールの国内価格比に応じてUSINAにとって相対的に有利な生産物（砂糖およびバイオエタノール）への転換を選択出来ることである。

工場への聞き取り調査[16]によると，USINAの本社ではバイオエタノールと砂糖との相対価格に応じて毎年，バイオエタノールと砂糖の生産比率が決

**表2-5 ブラジルにおける砂糖・バイオエタノール仕向け量および仕向け率の推移**

|  | 1994年 | 1995 | 2000 | 2001 | 2002 | 2003 | 2004 | 2005 | 2006 |
|---|---|---|---|---|---|---|---|---|---|
| 砂糖仕向け率 | 39.6% | 40.8% | 46.6% | 47.2% | 49.4% | 49.1% | 49.3% | 50.1% | 48.9% |
| バイオエタノール仕向け率 | 60.4% | 59.2% | 53.4% | 52.8% | 50.6% | 50.9% | 50.7% | 49.9% | 51.1% |
| 砂糖仕向け量（百万トン） | 91.0 | 98.0 | 142.0 | 121.0 | 144.8 | 164.0 | 176.9 | 193.3 | 198.5 |
| バイオエタノール仕向け量（百万トン） | 139.0 | 142.0 | 163.0 | 135.5 | 148.3 | 170.0 | 182.0 | 192.5 | 207.5 |
| 合計（百万トン） | 230.0 | 240.0 | 305.0 | 256.5 | 293.0 | 334.0 | 358.9 | 385.8 | 406.0 |

（資料）USDA-FAS(2007a)より作成。
（注）2006年は予測値。

定され，バイオエタノール・砂糖との相対価格に応じて毎月，各生産量の修正が行われている。さらに，相対価格の急激な変化に応じて，時間毎に各生産量を変えることも可能である。バイオエタノール・砂糖両方の生産施設を有している工場は全体の8割を占める252工場があり，バイオエタノール・砂糖両方の価格に応じて弾力的に生産量を転換することが可能である。

　ブラジルにおけるさとうきびからバイオエタノール・砂糖への仕向け量の推移をみると年によって変動はあるが，半分以上が砂糖ではなくバイオエタノールに仕向けられている（表2-5）。バイオエタノールと砂糖の価格，生産に関する規制が撤廃された状況下において，バイオエタノールと砂糖はさとうきびを原料とし，バイオエタノールと砂糖の相対価格に応じて両者への配分が行われることは，バイオエタノールと砂糖はさとうきびの配分をめぐり競合関係にあるといえる。

# 第4節　今後のバイオエタノール・砂糖政策の展開方向と課題

## (1) バイオエタノール政策の展開方向

　国際原油価格が高騰し，今後も堅調に推移することが米国エネルギー省により予測される状況下（UEDE-EIA 2007），「フレックス車」は今後も販売台数を伸ばし，含水エタノールの需要量が増加することがブラジル農牧供給省により見込まれている（Ministry of Agriculture, Livestock and Food

Supply 2005)。バイオエタノールの需要についてはこれまで主流だった無水アルコールの需要割合が縮小し，含水エタノールの需要割合が増加することが考えられる。また，バイオエタノールはこれまで国内市場向けの商品であり，輸出量は2003年で76.7万キロリットル（Ministerio de Minas e Energia 2005）であるが，世界最大のバイオエタノール輸出国として今後，バイオエタノール政策を導入している国々に対して輸出量を増大することが考えられる。特に，最近ではエネルギーおよび環境対策からバイオエタノールをガソリンに混合する計画を推進している国が急増している。日本では地球温暖化対策として2003年8月からバイオエタノールのガソリンへの3％の混合（E3）が認可された。このE3が全国に普及した場合は年間180万キロリットルのバイオエタノールが必要となることが環境省により見込まれている（再生可能燃料利用推進会議 2003）。

さらに，世界最大のバイオエタノール生産国である米国においても，MTBE（メチル・ターシャリー・ブチル・エーテル）からの代替によりバイオエタノールの需要量増加が予測されている。このうち，米国のバイオエタノール生産コストは0.25ドル/リットル（Shapouri, Duffield and Wang 2002）であるため，ブラジルの生産コストである0.20ドル/リットルの方が有利であるものの，エタノール関税0.14ドル/リットルが課されるため，米国内ではブラジル産バイオエタノールは米国産バイオエタノールに比べて競争力を失ってしまう。このため，ブラジル政府では米国政府に対して，エタノール関税引下げについてWTOパネルを設置して提訴を行うことも視野に入れている[15]。この米国の関税引下げが実施されれば米国内においてもブラジル産バイオエタノールが競争力を得ることが出来る。

2005年9月には農産物の再生可能エネルギーの利活用促進のための「国家アグロエネルギー計画」（The National Plan of Agroenergia）（Republica Federativa do Brazil 2005）を農牧供給省が発表した。この計画ではバイオエタノールの輸出拡大政策が明確に打ち出された。これ以前にも，大統領や農牧供給大臣等政府要人からもバイオエタノールの輸出拡大についての声明

が多々発表されたが，国家計画として，国内市場向けが主であったバイオエタノールについて輸出拡大指向を明記した大きな政策転換であるといえる。ブラジルのバイオエタノール輸出量は2003年で76.7万キロリットル（Ministerio de Minas e Energia 2005）であり，世界最大のバイオエタノール輸出国として今後，代替エネルギー政策としての「バイオエタノール計画」を導入している国々に対して輸出量を増大していくことが見込まれる。

　この計画にはバイオエタノールをはじめ，バイオディーゼル，バイオガス，林産物バイオマスについての今後の振興策が明記されており，バイオエタノールについては，さとうきび生産性の向上，エネルギー供給量およびアルコール度数の向上，産業技術水準の向上を図ることが盛り込まれている。ただし，具体的数値目標は記述されていない。

　このような国際的な状況下で，ブラジル政府はバイオエタノール政策を導入している国，導入を検討している国に対してバイオエタノールの売り込みを積極的に展開している。日本に対しても2005年5月に大統領，農務大臣をはじめバイオエタノール製造業者が訪日し，積極的にバイオエタノールの売り込みを行った。また，ペトロブラス社は最大のバイオエタノール輸出港であるサントス港におけるバイオエタノール専用輸出ターミナルの大型化を図るとともに，輸出用パイプラインの整備に3,500～4,000万ドルもの投資を行い，バイオエタノールの輸出を拡大する意向を示している[17]。さらには，ブラジル政府は日本をはじめとする先進国に対して，CDM（クリーン開発メカニズム）を利用したバイオエタノール増産に対する投資についても提案する等，積極的な働きかけを行っている。

　さらに，2006年9月には「ブラジルアグロエネルギー計画—2006-2011—」が発表された。この中で，2006年から2011年にかけての計画として，バイオエタノールに関する技術開発の促進，国際協力の推進といった政策が示された。

## (2) 砂糖政策の展開方向

　ブラジルは砂糖については従来から輸出指向が強いが、さらに砂糖輸出拡大指向を如実に表した好例がブラジルによるEUの砂糖制度に対するWTOのパネル提訴である。特に、ブラジルが問題にしたのは、EUにおけるC糖の扱いとACP諸国・インドからの再輸出制度である。EUの砂糖政策では、域内需要量に基づく基本割合であるA割当、不足時の対策用割当であるB割当、そして最大割当数量を超えて生産された砂糖のC糖があり、このC糖は補助金なしで国際市場へ輸出又は次年度へのA割当へ繰越していた。特に、このC糖の輸出についてEUは生産割当制により、間接的に補助金を受けているのと同じ効果の恩恵を受けていることをブラジルは主張した。また、ACP諸国・インドから優遇措置で輸入した160万トンの粗糖については補助対象数量から除外していたが、これを補助対象輸出として通報すべきこともブラジルは主張した。ブラジルは豪州と共に2002年9月より、EUに対して本件についての協議を要請したものの解決に至らなかったため、タイとともにWTOパネルの設置を要請した結果、2003年8月にパネルが設置された。最終的には2004年9月に最終決定が下り、C糖の輸出が実質的に補助金付き輸出であることおよびACP諸国・インドに対する再輸出についてWTO農業協定上違反との判決結果が下り、ブラジル側の主張が全面的に受け入れられた内容となった。これを受け、EUは2005年1月に上級委員会に上訴したが認められず、2005年6月に砂糖政策改革案を公表し、同年11月にはEU農相理事会において改革案が合意された。改革の内容はA割当およびB割当を統合し、C糖を廃止（ただし、C糖生産国に対し1回限りの支払のため110万トンの生産割当の付与）、介入価格を廃止して参考価格へ移行（2006年度から参考価格を4年間で36％削減）、ACP諸国、インドに対する砂糖協定についての輸入枠は維持するがこれらの国々から買い入れる補償価格を引き下げる（4年間で36％削減）内容[18]となっている。

　この改革は2006年7月1日から9年間実施される予定であり、改革の実行

表2-6　EU25における砂糖需給予測

(単位：百万トン)

|  | 2004/05年度(A) | 2012/13年度(B) | (A)-(B) |
|---|---|---|---|
| 総生産量 | 20.3 | 12.4 | -7.9 |
| 国内総需要量 | 16.4 | 16.0 | -0.4 |
| 総輸入量 | 1.9 | 3.9 | 2.0 |
| うちACP枠 | 1.3 | 1.3 | 0 |
| うちEBA枠 | 0.2 | 2.2 | 2.0 |
| 総輸出量 | 5.9 | 0.6 | -5.3 |

(資料) USDA-FAS (2005)より作成。

によりEUの国際市場における輸出競争力は弱まることが予想される。EU事務局によると砂糖改革の実施により，EUの砂糖生産量および輸出量は弱まり，2004/05年度から2012/13年度にかけて総生産量は7.9百万トン，総需要量は0.4百万トン，総輸出量は5.3百万トンの減少が予測されている（USDA-FAS　2005）（表2-6）。これに対して，ブラジルは2004/05年度から2012/13年度にかけてEUが伝統的に輸出していた地域を対象に4百万トンの輸出量の増加を目指している[17]。WTOパネル設置を共に要求した豪州およびタイについても輸出量を拡大することは可能であるが，前述のようにブラジル産砂糖は品質・コスト面でも豪州に比べて優位性を有しているため，豪州がブラジルほど輸出量を伸ばせるかは疑問である。ただし，ブラジルにとって遠隔地となり，輸送コストがかさむ地域についてはこの限りではない。以上のように，EUの砂糖制度改革の実施に伴い，品質面およびコスト面で優位性を持つブラジルは砂糖の輸出量を拡大し，ますます輸出指向を強めていくことが考えられる。

　以上のように，ブラジルは今後，バイオエタノールについては東アジアや中南米諸国へ輸出量を拡大していく一方で，国内では「フレックス車」の増加に伴う含水エタノールの需要量が増加する。さらに，砂糖についてもEUの砂糖制度改革の実施に伴い，砂糖の輸出量を拡大する。このため，ブラジルは今後，バイオエタノールおよび砂糖双方の生産を増加していく必要がある。

表2-7　ブラジルにおける砂糖生産量の推移

| 項目 | 単位 | 1980/81年度 | 1990/91 | 2000/01 | 2001/02 | 2002/03 | 2003/04 | 2004/05 | 2005/06 | 1980/81-1990/91年平均変化率 | 1990/91-2000/01年平均変化率 | 2000/01-2005/06年平均変化率 |
|---|---|---|---|---|---|---|---|---|---|---|---|---|
| 生産量 | 1,000トン | 148,651 | 262,674 | 326,121 | 344,293 | 364,391 | 396,012 | 378,272 | 380,062 | 5.3% | 2.0% | 1.4% |
| 収穫面積 | 1,000ha | 2,608 | 4,273 | 4,805 | 4,958 | 5,100 | 5,371 | 5,635 | 5,718 | 4.6% | 1.1% | 1.6% |
| 単収 | トン/ha | 57.0 | 61.5 | 67.9 | 69.4 | 71.4 | 73.0 | 67.1 | 66.5 | 0.7% | 0.9% | -0.2% |

(資料) FNP(2005)より作成。

## (3) ブラジルにおけるバイオエタノール・さとうきび増産政策

　今後，ブラジルではバイオエタノールと砂糖の増産を図ることが求められている。ブラジル農牧供給省では今後，39のバイオエタノール・砂糖工場を新設し，2010年までに砂糖は1,200万トンおよびバイオエタノールは1,200万キロリットルの増産が可能としている[15]。そのためには原料であるさとうきびの増産は不可欠である。ブラジルではさとうきびの増産を図るため，これまで品種改良努力が行われてきた。さとうきびの単収は1980年代は年平均0.7%，90年代は同0.9%増加してきたが，2003/04年度の73.0トン/haをピークに減少傾向（表2-7）にあり，今後の単収増加には更なる品種改良努力が必要であるものの，現在のところ単収を大きく増加させる品種の開発には至っていない。このため，ブラジルはこれまでのようにさとうきび増産のために収穫面積の増加により，対応せざるを得ない。

## (4) 今後のバイオエタノール・砂糖増産に伴う影響

　ブラジル農牧供給省ではバイオエタノール・砂糖増産に向けて，さとうきびの作付面積の増加を図り，2005年の約570万haから2014年までに870万haまで増加を行うことを計画している[15]。特に，これまでの生産の中心であるサン・パウロ州のみならず，セラード地域のゴイアス州，マット・グロッソ州，マット・グロッソ・ド・スル州，ミナス・ジェライス州に拡大することを計画している（図2-4）。さとうきび生産の拡大は，未だに「フロンティア」地域が存在し，国内における耕作可能面積[19]が豊富にある状況下，十分可能である。

図2-4 さとうきび作付地域の拡大

資料：筆者作成。

　さとうきび生産の60.0％（2004/05年度）を占めるサン・パウロ州では1990年以降，さとうきびの価格優位性から，米作，コーヒー，オレンジ栽培からさとうきび栽培に作物転換が行われており（表2-8），さとうきびと他の農産物とは競合関係にある。このことは，州内での相対的な国際競争力の優位性が農地の配分比率を決定していることを意味する。

　今後も引き続き，バイオエタノール・砂糖価格を通じたさとうきび生産者価格と競合する農産物の生産者価格との相対価格はさとうきびに有利となることが予想されるため，この競合関係はさらにタイト感を増し，さとうきび単作化の動きが加速化するとともに相対的な国際競争力を失った米，コーヒー，オレンジへの農地配分は減少していくことが考えられる。

　また，セラード地域（ゴイアス，ミナス・ジェライス，マット・グロッソ，マット・グロッソ・ド・スル州）においてもさとうきび増産が政府により計画されているが，これらの地域における放牧による牛肉生産と競合する可能性が高い。なお，セラード地域における大豆生産については輪作（大豆，とうもろこし，米といった穀物との輪作）の経営体系が既に確立されているため現段階では大豆との間に競合関係が生じる可能性は低いが，中・長期的に

**表2-8 サン・パウロ州耕作農地面積の推移**

(単位:ha, %)

|  | 1990年 | 1995 | 2000 | 2003 | 2004 | 2004/1990 |
|---|---|---|---|---|---|---|
| さとうきび | 1,811,980 | 2,258,900 | 2,484,790 | 2,817,604 | 2,951,804 | 63% |
| とうもろこし | 1,151,100 | 1,243,300 | 1,084,360 | 1,114,180 | 1,066,800 | -7% |
| 綿花 | 300,800 | 179,650 | 65,770 | 64,640 | 86,500 | -71% |
| 米 | 221,505 | 133,540 | 61,900 | 35,165 | 34,000 | -85% |
| オレンジ | 722,850 | 620,770 | 609,475 | 600,060 | 587,935 | -19% |
| コーヒー | 567,027 | 241,385 | 211,552 | 227,380 | 219,800 | -61% |
| その他 | 54,321 | 134,718 | 198,326 | 345,050 | — | — |
| 合計 | 4,829,583 | 4,812,263 | 4,716,173 | 5,204,079 | — | — |

(資料) FNP (2005) より作成。

さとうきびの生産者価格が大豆の生産者価格に比べて有利な状況が続いた場合，競合する可能性がある。

このような競合関係はバイオエタノール・砂糖価格を通じたさとうきび生産者価格が競合品目である牛肉，大豆，オレンジおよびとうもろこしの生産者価格に対して有利か否かに依るものであり，サン・パウロ州のように各生産者価格の相対関係で配分比率が決定することになる。今後は，エネルギー需要増加をインセンティブとするさとうきびの生産者価格が牛肉，大豆，オレンジおよびとうもろこしに対して有利に推移するものと考えられる。ブラジルの農畜産物全体の国際競争力が強まる状況下で，国内での相対的な国際競争力の優位性が農産物作付面積配分比率を決定することになる。

以上のように，ブラジルではエネルギーと食料との競合が今後，さらにタイトになるものと考えられる。さらに，ブラジルでは主産地であるサン・パウロ州ではさとうきびの単作化，セラード地域についてもさとうきび生産が拡大することが考えられる。しかしながら，ブラジルではさとうきびは粗放的な生産が行われており，生産期間（平均5.5年）の後は地力回復のための対策はほとんど実行されていないのが現状である。このため，さとうきび増産に伴う土壌浸食[20]が懸念される。さらに，さとうきび栽培ではさとうきびの絞り粕であるビニョッサの肥料としての使用による土壌塩類集積，農薬の使用増大による水質汚染といった環境問題が発生している。

## 第5節　結論

　ブラジルでは最近の石油生産量増加に伴い原油輸入依存度が減少し，2006年度には石油の完全自給が達成し，1975年に開始したプロアルコール政策の当初の目的を達成した。また，このことは貿易収支の改善等にも寄与している。さらに，バイオエタノール政策の拡大は，砂糖に代替するバイオエタノールという「アグリビジネス」の一大市場を「創出」したことやこれによる国際粗糖価格低迷時におけるヘッジ機能という点でバイオエタノール・砂糖業者に利益を与えるのみならず，雇用拡大を通じた地域経済の活性化，農業開発促進の効果も期待される。

　ブラジル産バイオエタノールは世界でも最も生産コストが低く，ガソリンに対しても優位性を持っている。「アグリビジネス」の一大産業に成長したブラジルのバイオエタノール産業は2005年9月に発表された「国家アグロエネルギー計画」により，今後，東アジアや中南米諸国に対する輸出拡大政策を行う方針であり，「フレックス車」の増加による国内バイオエタノール需要量の増加が考えられる。砂糖についても輸出量増加を図る方針である。

　ブラジルではさとうきびからバイオエタノールおよび砂糖への配分比率に関しては双方の相対価格で決定されており，バイオエタノールと砂糖は競合関係にある。ブラジルは今後，バイオエタノール・砂糖の配分比率を変更せずにバイオエタノールおよび砂糖を増産することが求められる。ブラジルではさとうきびの増産を行うため，政府ではさとうきび作付面積の大幅な増加を計画している。これはブラジルでは未だに「フロンティア」地域が存在し，国内における耕作可能面積が豊富にあるため，十分可能である。ブラジルでは農畜産物についての国際競争力が強まっており，国内での相対的な国際競争力の優位性が農地の配分比率を決定することとなる。今後もエネルギー需要増加を中心にさとうきび価格が競合農畜産物需給に対して有利に推移することが見込まれるため，エネルギーと食料との競合関係は今後，さらにタイ

トになり，主産地であるサン・パウロ州ではさとうきびの単作化，セラードではさとうきび生産が拡大することが考えられる。その一方で，サン・パウロ州におけるさとうきび単作化やセラード地域におけるさとうきび増産は土壌浸食，土壌塩類集積，水質汚染といった環境へ悪影響を与える可能性がある点に注意が必要である。

**注**
1) 無水エタノールとはアルコール分99.3%以上である。
2) 本章第2節（2）参照。
3) ブラジルにおいては砂糖とバイオエタノール政策はセットで推進されてきたため，別々に論じることはこれまでの政策の推移からみても現実的ではない。
4) IAAは政府の認可を受け，政府の業務を執行する機関で，いわゆる「ボード」的な存在である。
5) 含水エタノールを燃料として，研究開発に当たって政府からの補助も行われた。
6) 含水エタノールとはアルコール分92.6%以上～99.3%未満である。
7) ガソリンに無水アルコールを混合する車のこと。1977年の4.5%混合から現在では25%が混合されている。エンジンについてはガソホール対応の特殊仕様になっている。ブラジルの他には米国（10%混合）で走行している。
8) さとうきびについては中南部と北・北東部のさとうきび生産者との生産費差額を補填するための政府からの補助（5.07レアル/トン）が行われている。しかし，さとうきび生産はサン・パウロ州をはじめとする中・南部が主産地で，全国における生産割合が14%である北・北東部への生産費差額の補填措置は全体のさとうきび生産に与える影響は限定的と思われる。また，バイオエタノールに関しては在庫に要する費用に関して2003年に5億レアルの融資が行われたが，2004年以降は実施されていない。
9) 1990年は1989年の国際砂糖価格の上昇に伴い，USINAが砂糖を増産し，バイオエタノール生産が減少したことから国内では深刻なバイオエタノール不足となった異常年と判断されるため，基準値を1989年とした。
10) 筆者が給油所の調査をサン・パウロ市，ピラシカーバ市，クリチバ市，ブラジリア市，ポルトアレグレ市における21の給油所で行った調査（2005年11月）によるとバイオエタノールが0.95～1.19レアル/リットルに対して，ガソリン（25%無水エタノール混合）は1.99～2.35レアル/リットルであった。
11) サン・パウロ州農業経済院，サン・パウロ市，ピラシカーバ市，クリチバ市，ブラジリア市，ポルトアレグレ市における聞き取り調査（2005年11月）。

12) ブラジル農牧供給省によると，2007年3月現在は新車販売台数の8割以上がフレックス車といわれている。
13) プロアルコールの目的は国際原油価格の影響を緩和するため，ガソリンに代替する燃料を創出することを目的としたため，国際原油価格と砂糖価格との代替関係はあるものの，バイオエタノール価格と砂糖価格の相関関係は国際原油価格と国際粗糖価格に比べて高い。
　　国際原油価格の高騰によるガソリン価格上昇を受けて，今後も「フレックス車」の販売は増加することが見込まれる。このことから，ブラジルでは「フレックス車」の急増による国内含水エタノール需要量が再び増加することが見込まれる。最近のフレックス車の増加に伴い消費者がバイオエタノールとガソリンという選択肢から自由に燃料を選べる権利を得ることが出来た。消費者は現在のところ価格変化に十分，弾力的に反応するまでには至っていないが，さとうきびからバイオエタノール・砂糖の配分に生産者であるUSINAのみならず消費者も重要な決定権を有することになった意義は大きい。これに伴い，国際原油価格と国際砂糖価格は今後，相関関係が高くなることが考えられる。
14) ガソリン生産コストには，Rotterdam regular gasoline priceの2005年9月平均値を使用。なお，この時期の国際原油価格（WTI）は65.6ドル/バレルである。
15) 農牧供給省アグロエネジー局への聞き取り調査結果（2005年11月）。
16) バイオエタノール・砂糖工場（COSAN社ピラシカーバ工場，サン・パウロ州ピラシカーバ市）での聞き取り調査結果（2005年11月）。
17) 農牧供給省アグロエネジー局およびエタノール・砂糖生産者団体（UNICA）への聞き取り調査結果（2005年11月）。
18) EU砂糖制度改革案については2005年11月に農相理事会で合意された内容を基に記述しており，基本的スタンスは変わらないがACP諸国への取り扱いについて今後さらに具体案が発表される可能性もある。
19) ブラジル農牧供給省によると，2006年現在のさとうきび作付面積は706万haである（Ministerio da Agricultura, Pecuaria e Abastecimento 2007）。これに対して，牧草地を含めた耕作可能面積は約9,000万ha存在し，今後の生産拡大は可能と発表している（Ministry of Agriculture, Livestock and Food Supply 2005）。この中にはアマゾン地域は含まれていない。
20) 筆者によるサン・パウロ州ピラシカーバ市で行った聞き取り調査（2005年11月）では，サン・パウロ州のみで年間1.94億トンの土壌流出が発生しており，このうちさとうきび由来が0.267億トン発生している。その結果，農地の生産性を著しく低下させるとともに，ダム貯水能力の低下による発電量の減少，道路の維持管理費用の上昇を招くことが懸念される。

第3章

# 中国およびその他の国・地域における
# バイオエタノール需給と政策



## 第1節　中国におけるバイオエタノール需給と政策

### (1) はじめに

　中国では，1990年代以降の高い経済成長を背景とした自動車とガソリン需要量の増大に伴う石油の輸入依存度の軽減および都市の環境汚染を抑制することを目的に，2002年からガソリンにバイオエタノール10％を混合させたガソリンの普及およびとうもろこしを主原料としたバイオエタノールを生産する政策を推進している。現在（2007年8月）のところ，このバイオエタノール政策は一部の省や都市で実施されており，今後は全国的な普及に向けて政策の拡大が考えられる。これまで，中国のバイオエタノール産業の概要について紹介した報告書（Richman　2005）や政策導入の経緯や全体政策についての報告書（新エネルギー・産業技術総合開発機構　2005）がある。しかしながら，中国を対象にバイオエタノール政策の拡大に伴い原料作物であるとうもろこし需給への影響について論じた研究はこれまで世界的にみても行われていない。本節執筆に当たり，筆者は2005年1月に中国国家発展改革委員会エネルギー局，同委員会糧食局，農業部，黒龍江省作物栽培研究所およびバイオエタノール製造工場である「黒龍江華潤酒精有限公司」（黒龍江省肇東市）を対象に調査を行った。本節ではこれらの調査結果を踏まえ，国家および省レベルでの中国のバイオエタノール政策の実態とその課題，特に主た

る原料作物であるとうもろこし需給への影響について考察を行う。

(2) 中国におけるバイオエタノール政策

1) バイオエタノール推進に係る国家政策

　中国では，高い経済成長を背景に急速にモータリゼーション化が進行し，1990年の551.4万台（日本：5,769.8万台）から2002年の2,053.2万台（日本：7,398.9万台）と自動車保有台数が急速に増加している（中国研究所編　2004）。これに伴いガソリンを中心とする石油製品の需要量も増加し，1990年の16,400万トンから2003年の34,600万トンに増大した。このため，原油・石油製品の輸入量は1990年の756万トン（中華人民共和国国家統計局編　1992）から2003年の12,583万トンと急増しており，国内需要量は日本を上回り，米国に次ぐ世界第2位の石油消費大国となった（中華人民共和国国家統計局編　2004）。中国では現在，石油をはじめとするエネルギーの供給力不足問題が深刻化している。このことは「エネルギー安全保障問題」の深刻化につながり，解決策として中国政府は西部と近海の石油天然ガスの探査・開発を強化しているが，近海でのこれらの活動は日本をはじめとする周辺国との外交的摩擦を生じさせている。

　また，前述のような急速なモータリゼーション化の進展に伴い，環境問題も最近，深刻さを増しており，都市部を中心に従来の石炭中心の煤煙型からモータリゼーション化の進展に伴う自動車汚染型の公害へと質的に変化してきている。また，1990年から2003年にかけて中国の$CO_2$排出量は126.8%増加している[1]。

　以上のようにエネルギー・環境問題への対策の一環として中国政府が2002年より強力に推進しているのが，米国で既に普及しているバイオエタノールを10%混合したガソリンの使用（E10）およびとうもろこしを主原料としたバイオエタノール生産の拡大の2点を柱とした政策である。この中国におけるバイオエタノール政策の導入の一連の流れを概念化したのが図3-1-1である。

第3章　中国およびその他の国・地域におけるバイオエタノール需給と政策

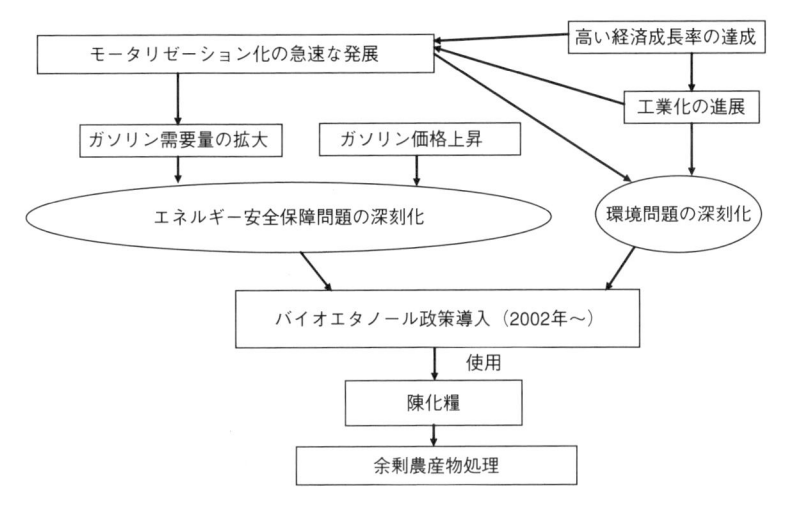

**図3-1-1　中国におけるバイオエタノール政策導入に係る概念図**
（資料）筆者作成。

　中国で初めて代替エネルギーの概念が国家計画および法令に登場したのは1982年に発表された「第6次5ヶ年計画」であり，ここでエネルギー源の多様化および総合利用の方針が初めて打ち出された。その後，1980～90年代にかけては再生可能エネルギーの振興は農村におけるエネルギー補填を重点に取り組まれた。さらに，1996年に「新エネルギー・再生可能エネルギー発展要綱」において再生可能エネルギーの産業化の促進といった積極的な取り組みが開始された。2001年には「新エネルギー・再生可能エネルギー産業発展に関する第10次5ヶ年計画」（対象期間：2001～2005年）が制定され，バイオマスエネルギーの効率的利用促進が図られることとなった。さらに，バイオエタノールについては2002年3月決定の「自動車用エタノール燃料使用テスト・プラン」（以下「テストプラン」という）において全体の計画が規定され，同月の「自動車用エタノール燃料使用テスト活動実施細則」（以下「細則」という）の中で政策推進の細則が決定された。また，2006年1月より施行された「再生可能エネルギー法」では中央・地方政府，実施企業，消費者が一体となってバイオエタノールを含む再生可能エネルギーに対して積

極的な取り組みを促すことを目標としている。

2）政策の概要

　現段階は国家レベルとしては実験段階であるものの，一部の省では既に本格的に取り組まれている。まず，「テストプラン」に基づき2002年6月より黒龍江省，河南省の5都市でE10を使用するテストが開始された。その後，2004年10月より5省（黒龍江省，吉林省，遼寧省，河南省，安徽省）では省全体の取り組みとしてE10の推進，つまり省内のガソリンスタンド全てにおいてガソリンにバイオエタノールが10%混合されている。「テストプラン」によると4省の一部（湖北省の9つの地区級市，河北省の6つの地区級市，山東省の7つの地区級市，江蘇省の5つの地区旧市）[2]では2005年末までにE10計画が推進され，その後，中国全地域での普及に向けて政策の拡大が行われる予定である（表3-1-1）。

　国家発展改革委員会によると2003年の生産状況は河南省：30万トン/年，吉林省：30万トン/年，黒龍江省：10万トン/年（2004年は25万トン/年），安徽省：32万トンである。黒龍江省および吉林省ではとうもろこしからバイオエタノールを生産，河南省および安徽省では小麦からバイオエタノールを生産している。

　バイオエタノールに関する中央政府の役割分担は，国家発展改革委員会エネルギー局が全体計画および政策の策定を行い，同委員会経済運行局が生産管理，普及の促進，糧食局が原料の調達を行っている。また，科学技術部が技術開発を行っており，農業部は農村エネルギー政策を担当している。

　計画推進に必要不可欠な補助金については，国家発展改革委員会への聞き取り調査では4,000元/トンの製造価格のうち1,000元/トンが補助金によるもので，市場にはガソリンの価格と同一の約3,000元/トンで流通されている。この補助金の額は5～10年をかけて段階的に削減し，最終的にはゼロにする方針が「細則」によって決定されている。なお，バイオエタノール生産には国家発展改革委員会からの認可が必要で，製造意欲はあるものの，認可が得

第3章　中国およびその他の国・地域におけるバイオエタノール需給と政策

表3-1-1　中国におけるバイオエタノール政策推進計画

| 製造企業名 | 年間生産量 | 年間使用量 | 需要先 | 販売主要主体 |
|---|---|---|---|---|
| 黒龍江華潤酒精有限公司 | 30万トン | 30万トン | 黒龍江省で全量消費 | 中国石油天然ガス集団 |
| 吉林燃料エタノール有限責任公司 | 30万トン | 10万トン | 吉林省内で全量消費 | 中国石油天然ガス集団 |
| | | 20万トン | 遼寧省へ販売 | 中国石油天然ガス集団 |
| 河南省天冠集団 | 30万トン | 13万トン | 河南省で消費 | 中国石油化工集団 |
| | | 17万トン | 湖北省9都市・河南省4都市へ販売 | 中国石油化工集団 |
| 安徽省豊原生物化学株式有限公司 | 32万トン | 10万トン | 安徽省で使用 | 中国石油化工集団 |
| | | 22万トン | 山東省7都市，江蘇省5都市，河北省2都市へ販売 | 中国石油化工集団 |

（資料）「自動車用エタノール燃料使用テストプラン」(2004年3月22日公布)第4条を基に筆者作成。
（注）計画実現期限2005年末。

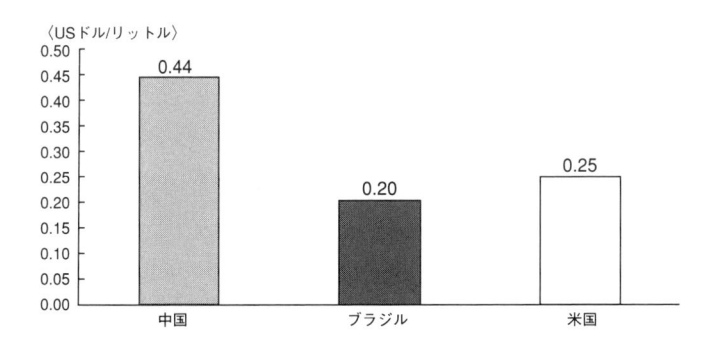

図3-1-2　バイオエタノール製造コスト比較

〈USドル/リットル〉
中国　0.44
ブラジル　0.20
米国　0.25

（資料）中国については国家発展改革委員会からの聞き取り調査（2005），ブラジルについてはMacedo（2005）より，米国についてはShapuri，Duffield and Wang（2002）による調査結果。

られていない遼寧省および広西壮族自治区では製造に要する補助金に加えて原料の配分も行われないことになり生産が事実上不可能となっている。なお，中国のバイオエタノール製造コストを比較したのが図3-1-2であるが，ブラジルの0.20ドル/リットル，米国の0.25ドル/リットルに対し，中国は0.44ドル/リットルとブラジルおよび米国の約2倍となっており，製造コストを削減していくことが今後の緊急の課題である[3]。

さらに，補助金と同様に重要な要因としては，国内ガソリン価格およびこれに影響する国際原油価格の水準である。現在のように，原油価格が高値で

推移している場合は、石油代替エネルギーとしてのバイオエタノール政策を導入する経済的インセンティブは十分にあるものの、国際原油価格が長期にわたり低迷した場合は、政策推進の経済的意義は薄くなり、政策そのものの見直しが行われる可能性がある。

### 3）黒龍江省におけるバイオエタノール政策

中国東北部に位置する黒龍江省は中国最大の商品化食糧生産拠点[4]であり、2001年からバイオエタノールの生産を開始している。黒龍江省では従来から潤滑油および醸造用アルコール製造を行ってきており、従来の製造ラインに不純物を除去し、アルコール度数を高めるための蒸留過程の追加でバイオエタノール生産への転換が十分可能である。また、原料作物であるとうもろこしの一大産地であることからもバイオエタノールの生産の拡大が行われている。製造歩留まりに関しては平均3.07トンのとうもろこしから1トンのバイオエタノールを生産出来る[5]。

今回、調査対象とした「黒龍江華潤酒精有限公司」（黒龍江省肇東市）は1994年に設立され、1996年に香港の潤滑油製造メーカーと合併し、これまで潤滑油および醸造用アルコール製造を行ってきたが国の燃料用アルコール政策の推進により、これまでの醸造用アルコール生産を転換し、バイオエタノール生産を重点的に行っている。2002年のバイオエタノール生産は年間10万トン、2004年の25万トンと急速に拡大している。同公司では米国の醸造装置を導入している。同公司では現行の設備で年間30万トンものバイオエタノール製造が可能であり、今後、バイオエタノール政策の推進に伴い生産の拡大が行われる。

なお、E10使用に当たっては北米のようにガソホール対応型エンジンを装着しない場合、粒子性浮遊物質がエンジン底に付着し、ガソリン内の水と混合し、赤さびの原因となり、エンジンの耐用年数を縮めることにつながる。中国政府はこの問題に全く対応しておらず、この問題を放置した場合は、エンジンのみならず車両全体の耐用年数を縮めることにつながる。また、実際

にガソホールを使用するドライバーは，10人中9人がガソホール使用に不満を持っており，加速の悪さを指摘している[5]。これらの不満は中央政府および地方政府がガソホール導入目的を消費者であるドライバーに行わず，コンセンサスを得ないまま計画を進めたことに原因があるものと考えられる。現状のまま，これらの問題を放置した場合，ドライバー側の反発により，計画の推進に支障を来す可能性が十分にある[6]。

4）原料作物の取り扱い

国家発展改革委員会，農業部によると食糧市場への影響を回避するため，バイオエタノール原料は「陳化糧」[7]といわれる劣化食料に限定している。農業部，国家発展改革委員会によると中国政府としては，2004年および2005年の最重要政策課題である「中央1号文件」に表明されているように，「三農問題」を重視しており，「エネルギー安全保障」よりも「食料安全保障」を優先する方針を明らかにしている[8]。現場のバイオエタノール工場および黒龍江省政府では，名目的には以上のような中央政府と同じ見解を述べているものの，2002年以降は生産量および期末在庫量の減少により「陳化糧」は急激に減少していることから，原料の確保が極めて困難であることを指摘している[5]。このため，現場のバイオエタノール工場では，国家の指示とは異なり，近郊農家から一般市場向けとうもろこしを原料として購入して生産を行っている。2005年以降は，近郊農家に澱粉質の高いとうもろこし[9]を契約栽培して，バイオエタノール生産における原料作物の安定的確保を図っている。

(3) 今後予想される政策展開

1）計画全体

今後の中国では原油輸入比率の増大および国際原油価格高騰に伴うエネルギー安全保障問題の深刻化，環境問題が深刻化し，政府はこれらの問題への対応が求められることから今後も代替燃料政策が拡大することが予想され

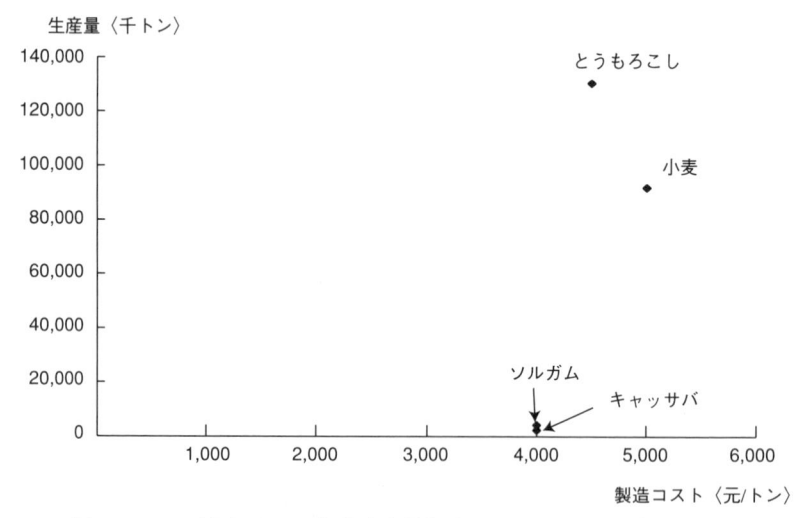

**図3-1-3 中国における穀物生産量とバイオエタノール製造コストの関係**
（資料）生産量についてはUSDA-FAS(2007b)，製造コストについては国家発展改革委員会へのヒアリング結果（2005）およびUSDA（2002b）を基に筆者推計．

る。環境負荷の少ない代替燃料[10]の中でバイオディーゼル，バイオエタノール，メタノール，燃料電池と比べると現在のところバイオエタノールが最も実用化に向けた技術力が高い状況にある。また，バイオマスエタノール原料のうち，とうもろこしは最も精製歩留まりが高く[11]，技術開発を独自に行わなくても既存の技術を米国から移転することが可能である。さらに，中国における穀物生産量と製造コストの関係では，図3-1-3のようにとうもろこしはキャッサバやソルガムに比べて製造コストは高いものの，キャッサバやソルガムに比べて圧倒的に生産量が多いため，他の穀物に比べてとうもろこしを原料とすることに優位性がある。また，小麦や米といった澱粉質食糧に比べ相対的に主食としての位置付けが低い点[12]から中国ではとうもろこしを主原料としたバイオエタノール生産を推進している。

しかしながら，中国は今後も増大が予想されるバイオエタノール需要に対してとうもろこしの「陳化糧」を計画的，安定的に確保することは可能であろうか。中央政府ではバイオエタノールの原料を「陳化糧」に限定している

第3章　中国およびその他の国・地域におけるバイオエタノール需給と政策

が黒龍江省のみならず吉林省でも「陳化糧」が入手出来ず，通常のとうもろこしを原料としている。糧食局では流通システムの改善により劣化食糧である「陳化糧」を削減していく方針[8]であり，「陳化糧」のみを原料とする現行のバイオエタノール政策の推進は極めて困難といわざるを得ない。バイオエタノール製造工場では「陳化糧」ではなく通常のとうもろこし[13]が原料として生産され，このことが省政府により「黙認」されている。今後ますます減少する「陳化糧」の不足や不足に伴う収集コストの増大，バイオエタノール需要量増大に伴う精製歩留まりの向上圧力の要因からバイオエタノール原料として通常のとうもろこしの使用が増加している。

2）現状政策推進シナリオ

「テストプラン」に基づいた政策では2004年10月から黒龍江省，吉林省，遼寧省全域でE10が推進されている。また，2004年10月から河南省，安徽省全域でもE10が推進されている。また，2006年から河北省，山東省，江蘇省，湖北省の一部都市でE10が推進されているが，これらの省の需要量については小麦を原料としてバイオエタノールを生産する河南省，安徽省が供給することが「テストプラン」で規定されている。ここで各省の2002年までのガソリン需要量（中華人民共和国国家統計局工業統計司編　2004）をベースに米国エネルギー省の予測（USDE-EIA　2006c）による2015年までの中国ガソリン需要量予測の伸び率を用いて各省の2015年までのガソリン需要量からE10のバイオエタノール向けとうもろこし需要量を推計した。この結果，とうもろこし需要量は2004/05年度の2,345千トンから2015/16年度の3,881千トンに拡大し，年率4.3％の増加となることが予測された（表3-1-2）。また，2004/05年度のとうもろこし需要量に占めるバイオエタノール用需要量は1％程度であるが今後，その比率の増加が考えられる。

3）9省完全実施シナリオ

さらに，バイオエタノール政策の更なる拡大シナリオを考えてみたい。一

表3-1-2 バイオエタノール用とうもろこし需要量予測(現状政策推進シナリオ)

|  | 2004/05年度 | 2005/06 | 2006/07 | 2007/08 |
|---|---|---|---|---|
| とうもろこし換算:(1)*3.07 | 2,345 | 2,517 | 2,689 | 2,861 |
| エタノール需要量:(1)=(2)+(3)+(4) | 763.9 | 819.9 | 875.9 | 931.9 |
| 吉林省(2) | 125.2 | 134.4 | 143.6 | 152.8 |
| 黒龍江省(3) | 333.9 | 358.3 | 382.8 | 407.2 |
| 遼寧省(4) | 304.8 | 327.2 | 349.5 | 371.9 |

(資料)中華人民共和国国家統計局工業統計司編(2004),USDE-EIA(2006c)より筆者推計。

表3-1-3 バイオエタノール用とうもろこし需要量予測(9省完全実施シナリオ)

|  | 2007/08年度 | 2008/09 | 2009/10 |
|---|---|---|---|
| とうもろこし換算:(1)*3.07 | 6,188.2 | 6,631.8 | 7,075.4 |
| エタノール需要量:(1)=(2)+(3) | 2,015.7 | 2,160.2 | 2,304.7 |
| ベースライン・エタノール需要量(2) | 931.9 | 987.8 | 1,043.8 |
| とうもろこし由来の追加エタノール需要量:(3)=(5)-(4) | 1,083.8 | 1,172.4 | 1,260.9 |
| 小麦由来のエタノール需要量(4) | 390.0 | 390.0 | 390.0 |
| 4省合計:(5)=(6)+(7)+(8)+(9) | 1,473.8 | 1,562.4 | 1,650.9 |
| 河北省(6) | 366.6 | 388.6 | 410.7 |
| 山東省(7) | 278.5 | 295.2 | 312.0 |
| 湖北省(8) | 366.6 | 388.6 | 410.7 |
| 江蘇省(9) | 462.1 | 489.8 | 517.6 |

(資料)中華人民共和国国家統計局工業統計司編(2004),USDE-EIA(2006c)より筆者推計。

部の都市でE10が実施されている山東省,江蘇省,河北省,湖北省の全地域でE10が2007年から推進されるシナリオ,つまり,中国では既に実施している5省に加えて,9省の全地域でE10を実施するシナリオを想定してみる。小麦由来のバイオエタノール生産の拡大は前述のとおり製造コスト,製造能力拡大の点からとうもろこし由来の製造に比べて劣る。また,とうもろこしおよび小麦以外の農産物およびセルロース系原料からの製造は,2007年8月現在,実験段階にあり,商業的実用化には時間がかかることに加え,原料の賦存量,精製歩留まり,製造能力拡大の点が問題となる。さらに不足分原料を輸入する選択はエネルギー安全保障問題の改善という目的に反する。

また,河南省および安徽省の省内需要は小麦を原料として省内で生産出来るものと考えられるが,「テストプラン」で決定された39万トンまでは近隣省への供給が可能である。しかしながら,これを超える部分についてはとうもろこしからバイオエタノールを生産する遼寧省および山東省が供給するこ

第3章　中国およびその他の国・地域におけるバイオエタノール需給と政策

(単位：千トン)

| 2008/09 | 2009/10 | 2010/11 | 2011/12 | 2012/13 | 2013/14 | 2014/15 | 2015/16 |
|---|---|---|---|---|---|---|---|
| 3,033 | 3,204 | 3,377 | 3,478 | 3,579 | 3,680 | 3,781 | 3,881 |
| 987.8 | 1,043.8 | 1,099.9 | 1,132.9 | 1,165.8 | 1,198.7 | 1,231.5 | 1,264.2 |
| 161.9 | 171.1 | 180.3 | 185.7 | 191.1 | 196.5 | 201.9 | 207.2 |
| 431.7 | 456.2 | 480.7 | 495.1 | 509.5 | 523.8 | 538.2 | 552.5 |
| 394.2 | 416.5 | 438.9 | 452.1 | 465.2 | 478.3 | 491.4 | 504.5 |

(単位：千トン)

| 2010/11 | 2011/12 | 2012/13 | 2013/14 | 2014/15 | 2015/16 |
|---|---|---|---|---|---|
| 7,519.9 | 7,781.8 | 8,042.3 | 8,302.8 | 8,563.3 | 8,822.4 |
| 2,449.5 | 2,534.8 | 2,619.6 | 2,704.5 | 2,789.3 | 2,873.8 |
| 1,099.9 | 1,132.9 | 1,165.8 | 1,198.7 | 1,231.5 | 1,264.2 |
| 1,349.6 | 1,401.9 | 1,453.8 | 1,505.8 | 1,557.8 | 1,609.5 |
| 390.0 | 390.0 | 390.0 | 390.0 | 390.0 | 390.0 |
| 1,739.6 | 1,791.9 | 1,843.8 | 1,895.8 | 1,947.8 | 1,999.5 |
| 432.7 | 445.7 | 458.7 | 471.6 | 484.5 | 497.4 |
| 328.7 | 338.6 | 348.4 | 358.2 | 368.1 | 377.8 |
| 432.7 | 445.7 | 458.7 | 471.6 | 484.5 | 497.4 |
| 545.4 | 561.8 | 578.1 | 594.4 | 610.7 | 626.9 |

とが考えられる。

　以上の前提で，現状政策推進シナリオと同様に各省の2002年までのガソリン需要量（中華人民共和国国家統計局工業統計司編　2004）をベースに米国エネルギー省の予測（USDE-EIA　2006c）による2015年までの中国ガソリン需要量予測の伸び率を用いて各省の2015年までのガソリン需要量を推計した結果，バイオエタノール向けとうもろこし需要量は2007/08年度の6,188千トンから2015/16年度の8,822千トンに拡大し，2007/08年度から2015/16年度にかけて年率4.0%増加が予測される（**表3-1-3**）。このように現状政策推進シナリオに比べて9省完全実施シナリオでは2015/16年度時点で2.3倍に増大することが予測される。

## (4) とうもろこし需給への影響

　バイオエタノール政策の推進に伴い，現状政策推進シナリオおよび9省完全実施シナリオともに原料であるとうもろこし需要量の増加が予測される。この場合，増加するバイオエタノール需要量と飼料用需要量との間に新たな競合関係が生じ，国内とうもろこし需給にも影響を与える可能性がある。

　中国は近年，1億トンを超えるとうもろこしを生産しており，世界の生産量の約2割を占める米国に次ぐ大生産国である。特に，90年代以降の中国の穀物需給は国際とうもろこし需給に大きな影響を与えており，その影響はさらに増大している。中国は伝統的にとうもろこしの純輸出国であったが，1995年に干ばつの影響から生産量が減少し，突然，純輸入国に転換した。このことは当時の世界の穀物需給に大きな影響を与え，とうもろこしの国際相場は大幅に上昇する結果となった[14]。1996/97年度以降のとうもろこし輸出量は増加基調で推移し，2002/03年度は1,520万トンに達したものの，2003/04年度は生産量や在庫量の減少から755万トンと大幅に減少，2006/07年度は450万トンとなることが見込まれている（USDA-FAS　2007b）。中国は国内需給次第で再度，純輸入国に転じる可能性もあり，その場合は世界穀物需給に大きな影響を与えることが予想される。今後のバイオエタノール推進に伴う現状政策推進シナリオでも中国のとうもろこし輸出量が減少し，輸入量が増大することが見込まれ，国際とうもろこし需給にも影響を与える可能性がある。さらに，9省完全実施シナリオでは国際とうもろこし需給への影響度が増す可能性がある。

　中国では，旺盛な畜産需要を背景として飼料用とうもろこしの需要量が増大しており，国内需給が逼迫する状況下，バイオエタノール向けという新規需要と飼料用需要量との間に新たな競合関係が生じている。このため，国家発展改革委員会では，バイオエタノール向け需要量の拡大による食料市場への影響を緩和するため2006年12月にとうもろこしを原料とするバイオエタノール生産の拡大を規制することを明らかにし，今後，キャッサバを中心とし

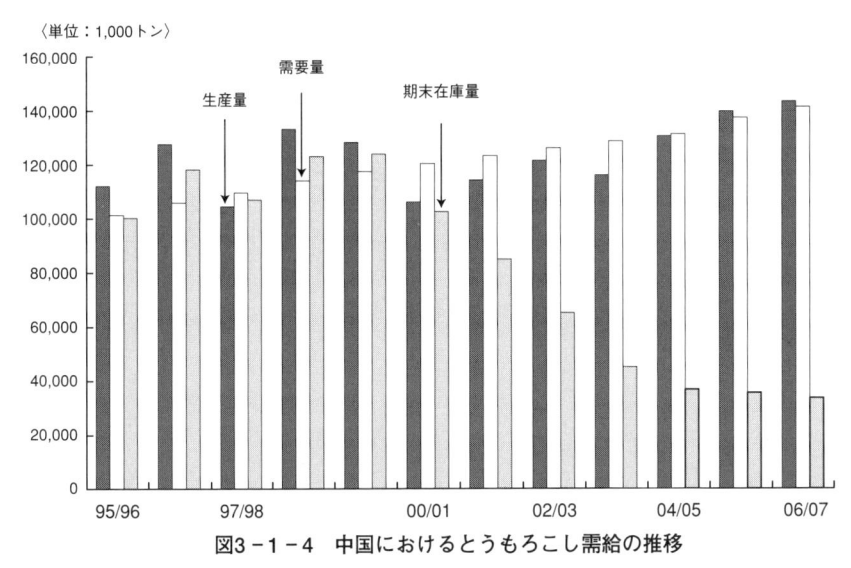

第3章　中国およびその他の国・地域におけるバイオエタノール需給と政策

〈単位：1,000トン〉

図3-1-4　中国におけるとうもろこし需給の推移

（資料）USDA-FAS（2007b）。
（注）期末在庫量については推計値。

た原料からのバイオエタノール生産を拡大する方針である。黒龍江省，吉林省および安徽省における中央政府から認可を受けたとうもろこしを原料とするバイオエタノール工場については中央政府からの補助金に依存しているため，この決定に従うものと思われる。しかしながら，中央政府からの認可を受けていないバイオエタノール工場[15]がこの決定に従うか否かは明らかになっていない。

また，中国ではキャッサバの生産量が少なく，これまでも輸入に依存してきており（表3-1-4），今後も原料をタイ，ベトナムおよびインドネシアといった国々からの輸入に依存しなければならない状況にある。中国政府はキャッサバの増産を計画しているものの，当面は国産原料が少ないことから，輸入原料に依存しなければいけない状況にある。中国では増大することが見込まれるバイオエタノール需要に対して，キャッサバからの生産を拡大していくには，このような原料の確保のほかにも効率的生産・大量生産を行うための技術的課題もある。

*101*

表3-1-4 中国におけるキャッサバ需給の推移

(単位:1,000トン)

|  | 1990年 | 1995 | 2000 | 2001 | 2002 | 2003 | 2004 | 2005 |
|---|---|---|---|---|---|---|---|---|
| 生産量 | 3,215.6 | 3,516.9 | 3,822.2 | 3,873.0 | 3,924.8 | 4,015.3 | 4,215.7 | 4,215.7 |
| 輸入量 | 2,287.8 | 2,027.4 | 2,118.6 | 6,100.2 | 6,086.0 | 8,201.6 | 11,305.4 | 12,483.4 |
| 輸出量 | 512.8 | 95.1 | 187.6 | 161.6 | 190.0 | 368.9 | 425.6 | 406.1 |
| 総需要量 | 4,990.7 | 5,449.3 | 5,753.1 | 9,811.7 | 9,820.8 | 11,847.9 | 15,095.5 | 16,293.0 |
| うち飼料用・種子用 | 3,034.4 | 2,675.7 | 2,792.0 | 5,848.3 | 5,993.6 | 7,206.8 | 9,076.6 | 10,442.9 |
| うち食用 | 1,173.0 | 1,867.6 | 1,623.6 | 1,928.4 | 1,737.1 | 1,947.4 | 1,931.3 | 2,220.8 |
| うちその他用途用 | 783.3 | 906.0 | 1,337.5 | 2,034.9 | 2,090.1 | 2,693.7 | 4,087.6 | 3,629.4 |

(資料)FAOSTAT(2007)。

## (5) 結論

　急速に成長する自動車とエネルギーの市場である中国ではエネルギー安全保障および環境対策の観点から，今後もバイオエタノールの生産および政策推進地域を拡大することが予想される。石油需要量が急速に拡大する状況下，バイオエタノールを普及させることは中国のエネルギー不足を緩和し，石油時代を引き延ばすことが出来る点で中国の「エネルギー安全保障」にとって重要であるとともに環境問題にも改善が期待される。その一方で，「陳化糧」以外の通常のとうもろこしが原料として使用されている局面でのバイオエタノール政策の推進はバイオエタノール需要量と飼料用需要量との間に新たな競合関係を生じさせている。

　このため，国家発展改革委員会では，バイオエタノール向け需要量の拡大による食料市場への影響を緩和するため2006年12月にとうもろこしを原料とするバイオエタノール生産の拡大を規制することを明らかにし，今後，キャッサバを原料とするバイオエタノール生産を拡大する方針を示した。黒龍江省，吉林省および安徽省における中央政府から認可を受けたとうもろこしからのバイオエタノール工場については中央政府からの補助金に依存しているため，この決定に従うものと思われる。しかしながら，中央政府からの認可を受けていないバイオエタノール工場がこの決定に従うか否かは不透明である。また，キャッサバからのバイオエタノール生産拡大は，原料の確保や効率的生産・大量生産を行うための技術的課題もある。このように，国家発展

第3章　中国およびその他の国・地域におけるバイオエタノール需給と政策

改革委員会の方針どおり，とうもろこしからのバイオエタノール生産の拡大を規制出来るか否かは現段階では未知数である。今後も，増大が予想されるバイオエタノール需要に対応していくために，とうもろこしからのバイオエタノール生産の拡大が今後も続くことになった場合は，原料である国内とうもろこし需給および貿易に大きな影響を与えるのみならず，国際とうもろこし需給にも影響を与える可能性がある。

**注**
1) USDE-EIA（2006c）によるデータ。
2) 湖北省の襄樊，随州，孝感，武漢，宜昌，黄石の9つの地区級市，山東省の洛南，済寧，泰安の7つの地区級市，河北省の石家荘，保定，刑台の6つの地区級市，江蘇省の徐州，連雲港，塩城，宿遷の5つの地区旧市が対象。
3) 中国のバイオエタノール生産では特に蒸留過程のコストが高く，このコスト低減が課題である。
4) 中国で用いられる「食糧」は，米，小麦，とうもろこし，大豆といった豆類および芋類を含む。
5) 筆者による現地聞き取り調査結果（2005年1月，黒龍江省ハルビン市）。
6) 国家発展改革委員会では，バイオエタノール10%混合ガソリンの加速性については問題なしとのコメントである（筆者による聞き取り調査結果：2005年1月）。また，ドライバーの不満の解消のため，適用除外対象であった軍用車両，一部公安車両については2005年末から対象となった。なお，2006年1月より施行予定の「再生可能エネルギー法」では中央・地方政府，実施企業，消費者等が一体となって再生可能エネルギーに対して積極的な取り組みを促すことを目標としている。
7) 「陳化糧」とは，国家発展改革委員会糧食局が管理し，物理的科学的指標により定義され，外観や臭い，脂肪酸値が40単位以下で食用に適さないと判断されたものを指す。
8) 筆者による現地聞き取り調査結果（2005年1月，国家発展改革委員会および農業部）。
9) バイオエタノールの他にも飼料用，糖化用，食用，工業用（各種接着剤，ガムテープ等）にも使用。
10) 天然ガス車は実現に向けた技術力は他の代替燃料に比べて最も高いものの，化石燃料を原料としていることから環境負荷の面でバイオエタノールに優位性がある。天然ガスの燃焼は$SO_2$（二酸化硫黄）を排出せず石油と石炭という二つの主要競合燃料に対して$NO_2$（二酸化窒素）および$CO_2$が大幅に少な

い。しかし，天然ガスは輸送システムからのメタン漏れや精製時のメタン放出等の問題があり，今後，これらの問題をクリアすることが課題である。
11) 米国農務省資料（USDA 2002b）によると，とうもろこし1トンから燃料用エタノールは396.4リットルを生産，小麦および米から300リットルを生産，ジャガイモ1トンから80リットルを生産することが出来る。
12) かつては東北部を中心にとうもろこしを主食の一部として消費していたものの最近では食の「高度化・多様化」に伴いその傾向が希薄化している。
13) 従来の飼料や食用，糖化用，工業用等に仕向けられるとうもろこしである。
14) とうもろこしの国際指標価格であるシカゴ商品取引所（CBOT）によると1994年8月が85.5ドル／トンに対し，1995年12月は108.8ドル／トンと上昇し，その後も中国の輸入量は増加し，1996年7月には過去最高値の209ドル／トンに達した。
15) これらの工場は従来は飲料用エタノール生産に従事してきたが，最近のバイオ燃料需要拡大により燃料用バイオエタノールを生産するようになった。これらの工場の数，生産量は統計に表れておらず，現在のところ不明である。

第3章　中国およびその他の国・地域におけるバイオエタノール需給と政策

## 第2節　その他の国・地域における
## バイオエタノール需給と政策

### (1) インド

　インドは世界第6位のエネルギー消費国であり、原油の約7割を輸入に頼っていることから原油代替が最も重要な課題となっている。また、さとうきびが余剰となり農家収入が伸び悩んでいることに加え、インドの$CO_2$排出量は1990年から2003年にかけて90.6％増加しており、アジアでは中国、日本に次いで第3位となっている[1]。このため、インド政府では、石油輸入低減によるエネルギー自給率の向上、余剰さとうきびの需要拡大による農業収入の増大、ガソリン代替による$CO_2$排出量の削減、雇用機会の創出を目的にバイオエタノールの普及と生産を推進するための政策を2003年から導入している。

　インドにおける2006年のバイオエタノール生産量は165万キロリットルと米国、ブラジル、中国に次いで世界第4位（F.O. Licht　2007）である。インドではブラジルとは異なり、さとうきびから砂糖を生産する際に得られる糖蜜を原料としてバイオエタノールを生産している。

　バイオエタノールに関しては、2003年1月より9州（アンドラプラデシュ、ウッタルプラデシュ、マハラシュトラ、パンジャブ、ゴア、グジャラート、ハリヤナ、カルナータカ、タミルナドゥ）および4直轄領（チャンディガール、ダマン・ディウ、ダードラ・ナガルハベリ、ポンディチェリ）においてバイオエタノール5％混合ガソリンの導入が計画された。しかしながら、実際に計画は遅れ、2003年7月から実施された。2003年10月以降は、バイオエタノール5％混合ガソリンの全国的な普及拡大を図っており、最終的にはバイオエタノール10％混合ガソリンを全国的に普及させることを目標にしている。

　インドではバイオエタノール混合ガソリンに対する物品税の軽減措置を実

施しており，バイオエタノール1リットル当たり0.3ルピー（約0.75円）が控除されている。当初のバイオエタノール普及計画の遅れは，バイオエタノールの無水化処理施設やバイオエタノールとガソリンを混合する設備の整備が遅れていたことに起因しており，今後，バイオエタノールの全国的拡大を行う中で，無水化処理施設を有するバイオエタノール製造業者やバイオエタノール流通業者に対する支援措置が必要となる。バイオエタノールはガソリンとの親和性が低いため，ガソリンとバイオエタノールが分離しないように，ガソリンと混合させるための調整措置が必要である。今後，バイオエタノールの普及を図る上で，混合業者（ブレンダー）の育成や支援による流通インフラの整備が不可欠の要素である。

2006年のインドにおけるバイオエタノール生産量は165万キロリットル（F.O. Licht 2007）である。しかしながら，2006年のバイオエタノール生産量には含水エタノールが含まれており，ガソリン混合に必要な無水エタノールの供給がどれだけ可能であるかは現段階では不明である。また，今後，E10導入に伴うバイオエタノール増産により，原料である糖蜜不足が懸念されている。さらに，インドでは既存の含水エタノール製造施設に対して無水化処理装置の増設工事が進められているが，インドのガソリン混合エタノールの普及拡大を図る上で，無水化処理施設を中心とするバイオエタノール製造施設の増設やガソリンとバイオエタノール流通業に対する支援措置の充実が今後の課題である。

## (2) EU

### 1）バイオエタノール生産

EUでは地球温暖化対策として$CO_2$排出量の削減や石油依存度の低減，余剰農産物の処理対策を目的に各加盟国でバイオエタノールの生産およびガソリンへの混合が進められている。2006年には334万キロリットルのバイオエタノールを生産している。このうち，40万キロリットルが燃料用として利用されているが，バイオエタノールの生産量は増加傾向にある（F.O. Licht

2007）。バイオエタノールはフランスが1990年から生産を開始しており，2000年からはスペインが，2001年からはスウェーデンが生産を開始しており，2005年のEUの生産量の28.1％をフランス，22.2％をドイツ，13.7％をスペイン，3％をスウェーデンが生産している。

フランスにおけるバイオエタノールの原料としては，てんさいが70％を占め，残りは小麦や葡萄が原料となっている。最近では，小麦からのバイオエタノール生産コストが低減していることから，小麦を原料とするバイオエタノール生産の割合が高くなることが考えられる。フランスでは95.0万キロリットルのバイオエタノールを生産（2006年）しているが（F.O. Licht 2007），2003年には，バイオエタノール全体の14％である12.0万キロリットルがETBE（エチル・ターシャリー・ブチル・エーテル）[2]の原料として使用されている。

ドイツでは75.5万キロリットルのバイオエタノールを生産（2006年）しており，バイオエタノールの原料としては，小麦が使用されている（F.O. Licht 2007）。また，スペインでは47.2万キロリットルのバイオエタノールを生産（2006年）しており，バイオエタノールの原料としては，小麦と大麦が使用されている（F.O. Licht 2007）。スペインでもフランスと同様にETBEに転換してからガソリンに添加して使用されている。スウェーデンでは11.5万キロリットルのバイオエタノールを生産（2006年）しており，原料としては小麦が使用されている（F.O. Licht 2007）。バイオエタノールはガソリンに対し5％，10％が混合されている。

## 2）バイオエタノール政策

EUでは，1997年に，"White Paper-Energy for the Future; Renewable Sources for Energy" を発表した。その中では，エネルギー総供給量に占める再生可能エネルギー供給比率を，1997年の6％から2012年には12％にまで引き上げる目標を掲げた。続いて，2000年には，"Green Paper-Towards a European Strategy for the Security of Energy Supply" を発表し，その中

表3-2-1 EU各国におけるバイオエタノールへの燃料税控除

| 国名 | | ガソリンへの燃料税課税額 | バイオエタノールに係る税控除額 | 控除率 |
|---|---|---|---|---|
| ドイツ | | 654.5 ユーロ/キロリットル | 654.5 ユーロ/キロリットル | 100% |
| スペイン | | 395.7 ユーロ/キロリットル | 395.7 ユーロ/キロリットル | 100% |
| フランス | ETBE用 | 589.2 ユーロ/キロリットル | 380.0 ユーロ/キロリットル | 64% |
| | 直接混合用 | | 370.0 | 63% |
| イタリア | | 558.6 ユーロ/キロリットル | 558.6 ユーロ/キロリットル | 100% |
| オーストリア | | 445.0 ユーロ/キロリットル | 750.0 ユーロ/キロリットル | ― |
| スウェーデン | | 4,960.0 クローナ/キロリットル | 4,960.0 クローナ/キロリットル | 100% |
| イギリス | | 471.0 ポンド/キロリットル | 200.0 ポンド/キロリットル | 42% |

(資料)エコ燃料利用推進会議(2006)。

で,2020年までに輸送用燃料の20%を石油代替燃料で供給する目標を掲げた。EUの政策目的としては,石油への依存度軽減,温室効果ガス排出削減,大気汚染対策,雇用確保,農業振興等が掲げられている。

EUでは,地球温暖化や石油依存度の低減を目的とした「自動車用バイオ燃料導入に係る指令」(The EU Biofuels Directive on the promotion of the use of biofuels or other renewable fuels for transport)が2003年5月に発効した。同指令では,輸送用燃料に占めるバイオ燃料の比率を2005年末に2%,2010年末には5.75%とする目標が定められた。このバイオ燃料としては,バイオエタノール,バイオディーゼルが含まれている。

さらに,EUでは2003年10月に「エネルギー税指令(Restructuring the Community Framework for the Taxation of Energy Products and Electricity)」を採択した。同指令では,加盟国に対してバイオ燃料に対する税制優遇措置を認めており,各加盟国ではバイオエタノールやETBE中のバイオエタノール含有量を対象に税額控除を表3-2-1のように実施している。

EUにおける全輸送用燃料に占めるバイオ燃料の使用割合は2003年の0.5%から2005年には1.0%に上昇しているが,2005年の目標値である1.4%[3)]には到達していない(表3-2-2)。このうち,ドイツのみ3.75%と目標値を超えているものの,他の24ヶ国では目標を大きく下回っている。EUではバイオ燃料の使用量は増加傾向にあるものの,2010年の目標値である5.75%を達成することが難しい状況となった。このため,2006年2月に,EUは「バイオ燃

第3章 中国およびその他の国・地域におけるバイオエタノール需給と政策

**表3-2-2 輸送用燃料に占めるバイオ燃料のシェアおよび目標値**

(単位:%)

| | 輸送用燃料に占めるバイオ燃料のシェア(2003年) | 輸送用燃料に占めるバイオ燃料のシェア(2005年) | 2005年各国の目標値 |
|---|---|---|---|
| オーストリア | 0.06 | 0.93 | 2.50 |
| ベルギー | 0.00 | 0.00 | 2.00 |
| キプロス | 0.00 | 0.00 | 1.00 |
| チェコ | 1.09 | 0.05 | 3.70 |
| デンマーク | 0.00 | — | 0.10 |
| エストニア | 0.00 | 0.00 | 2.00 |
| フィンランド | 0.11 | — | 0.10 |
| フランス | 0.67 | 0.97 | 2.00 |
| ドイツ | 1.21 | 3.75 | 2.00 |
| ギリシャ | 0.00 | — | 0.70 |
| ハンガリー | 0.00 | 0.07 | 0.06 |
| アイルランド | 0.00 | 0.05 | 0.06 |
| イタリア | 0.50 | 0.51 | 1.00 |
| ラトビア | 0.22 | 0.33 | 2.00 |
| リトアニア | 0.00 | 0.72 | 2.00 |
| ルクセンブルク | 0.00 | 0.02 | 0.00 |
| マルタ | 0.02 | 0.52 | 0.30 |
| オランダ | 0.03 | 0.02 | 2.00 |
| ポーランド | 0.49 | 0.48 | 0.50 |
| ポルトガル | 0.00 | 0.00 | 2.00 |
| スロバキア | 0.14 | — | 2.00 |
| スロベニア | 0.00 | 0.35 | 0.65 |
| スペイン | 0.35 | 0.44 | 2.00 |
| スウェーデン | 1.32 | 2.23 | 3.00 |
| イギリス | 0.03 | 0.18 | 0.19 |
| EU25 | 0.50 | 1.0 | 1.40 |

(資料) Commission of the European Communities (2005), Commission of the European Communities (2006)より作成。

料戦略」(An EU Strategy for Biofuels)を発表した。この中で,2010年までのバイオマス輸送燃料の比率(5.75%)の目標達成のための具体的措置を中心に,EUと発展途上国におけるバイオ燃料の普及,利用規模の拡大やセルロース系バイオマスを原料としたバイオエタノール,BTL(バイオツーリキッド),水素化処理バイオディーゼルといった「第2世代バイオ燃料」の技術開発推進による競争力の強化といった項目が発表された。

2006年6月には欧州委員会のバイオ燃料研究諮問委員会(BIOFRAC)は,「欧州連合におけるバイオ燃料―2030年以降に向けてのビジョン―」を発表し,この報告書の中で2030年までのバイオ燃料の目標(2030年までに道路運輸部門の燃料需要量の1/4相当をバイオ燃料で賄うこと)やそれを実現する

ための政策提言を行っている。特に，長期的なロードマップでは，さとうきびやとうもろこし等からのバイオエタノール等の「第1世代型バイオ燃料」から食料を原料としない「第2世代型バイオ燃料」に移行する方針を示している（Biofuels Research Advisory Council 2006）。「第2世代型バイオ燃料」は主として食用農産物と競合しない資源を利用し，「第1世代型バイオ燃料」に比べてより環境負荷が少ないというメリットがある。

2007年3月の欧州理事会では，地球温暖化防止およびEUのエネルギー確保や競争の促進を目的としたエネルギー分野全体での新たな政策パッケージについて合意した。特に，温室効果ガス効果削減のための具体的な対策として，農業分野が関係する再生可能エネルギーについても，2020年までに輸送用燃料の最低10%をバイオ燃料にするという義務目標の設置が合意された。

また，税制優遇措置以外のバイオ燃料振興策としては，バイオ燃料の原料となるバイオマス生産に対する支援措置も実施しており，休耕地でエネルギー作物（穀物，油糧種子およびてんさい）を栽培する場合には，共通農業政策（CAP）に基づきヘクタール当たり45ユーロの補助金が支払われている。

### 3）今後の政策の展開方向

EUでは，今後，2010年に向けてのバイオ燃料使用のアクションプランが提示され，これに基づき各国がこれからバイオ燃料の導入計画を示すことになっている。EU指令では2005年の2%から2010年の5.75%まで運輸部門における燃料に占めるバイオ燃料の比率を定めている。このアクションプランを達成するため，2010年には1,650万キロリットルのバイオ燃料が必要となる。さらには，2020年までに輸送用燃料の最低10%をバイオ燃料にするという義務目標の設置から2020年には2,870万キロリットルのバイオ燃料が必要となることが見込まれる（Commission of the European Communities 2006）。地球温暖化問題に積極的に取り組んできたEUは$CO_2$削減の有効な手法としてバイオ燃料の導入を積極的に推進していくことが考えられる。

バイオエタノールについてはガソリンに比べて出力が低いことやコストが

第3章　中国およびその他の国・地域におけるバイオエタノール需給と政策

表3-2-3　EU25におけるバイオエタノール需給の推移

(単位：トン)

|  | 2005年(A) | 2006 | 2007(B) | (B)/(A) |
|---|---|---|---|---|
| 生産量 | 830,976 | 1,401,992 | 2,507,737 | 201.8% |
| 需要量 | 1,439,374 | 2,349,492 | 3,871,237 | 169.0% |
| 輸入量 | 426,063 | 609,100 | 824,100 | 93.4% |
| 輸出量 | 46,677 | 17,500 | 22,500 | -51.8% |

(資料) USDA-FAS (2006a)。

表3-2-4　EU25におけるバイオディーゼル需給の推移

(単位：トン)

|  | 2005年(A) | 2006 | 2007(B) | (B)/(A) |
|---|---|---|---|---|
| 生産量 | 2,879,700 | 4,385,000 | 6,111,000 | 112.2% |
| 需要量 | 3,033,714 | 4,210,861 | 5,560,168 | 83.3% |
| 輸入量 | 22,673 | 26,400 | 25,800 | 13.8% |
| 輸出量 | 67,059 | 117,060 | 387,080 | 477.2% |

(資料) USDA-FAS (2006a)。

ガソリンに比べて高いことから，今後もガソリンに対するバイオエタノールへの税制優遇措置は必要不可欠である。

また，EUの加盟国ではディーゼル車の比率が最近，増加しており，欧州のディーゼル車販売比率は97年の2割強から2004年には5割にまで達した（Fourin 2005）。国別には，オーストリアにおけるディーゼル車販売比率は71％，ベルギーは68％，フランスは67％，スペインは61％，イタリアは49％，ドイツは40％となっている（Fourin 2005）。これは，ディーゼル車がガソリン車に比べてエネルギー効率が高く，ガソリン車に比べて$CO_2$の排出量が2割程度低いことに加え，1997年に馬力・トルクは従来の2倍，ガソリン車並みの静寂性，窒素酸化物および粒子性物質を削減したディーゼル車専用の燃料噴射装置である「コモンレール」が開発・発売されたことから，EUではディーゼル車が環境に優しい点が評価され，EU域内でディーゼル車比率が増加している。

今後のEUにおけるバイオ燃料需給については，バイオエタノールが2005年の83.1万トンから2007年には250.7万トンまで拡大するのに対して，バイオディーゼルについては2005年の287.9万トンから2007年の611.1万トンに拡大することが予想されている（表3-2-3および表3-2-4）。このように，2007年

段階でもEUにおいてはバイオディーゼル生産量がバイオ燃料の大部分を占めているものの，2005年から2007年までのバイオエタノール生産量の増加率はバイオディーゼル生産量を上回って推移している点は注目に値する。これは，バイオディーゼルの原料がなたねといった油糧種子であるのに対して，バイオエタノールはてんさい，小麦，大麦，葡萄と原料が多様化しているため，増産に際しての原料確保の制約がバイオディーゼルに比べて比較的少ないものと考えられる。

また，最大のバイオディーゼル生産国ドイツでは，バイオディーゼル使用に際して鉱油税の減税措置が行われてきたことがこれまでの生産増加に寄与してきたが，2006年8月より課税が再開され，今後，段階的に税率の引き上げが行われる予定になっている（和田・小林　2007）。このため，これまでドイツのバイオディーゼル普及に寄与してきた鉱油税の減免措置が見直され，引き上げが行われることは，今後のバイオディーゼル生産にも影響を与えることが見込まれる。

EUでは，今後もバイオディーゼルがバイオ燃料の主流であることは変わらないが，バイオエタノール生産もフランスを中心に増加傾向にある。このため，今後，てんさいや小麦からのバイオエタノール生産拡大に伴い，食料および飼料等との競合が発生する可能性も考えられる。

### (3) タイ

タイでは，自国農産物の活用や石油輸入への依存度低下を目標に王室プロジェクトとして，1996年からバイオエタノールをガソリンに混合する実験が開始された。2001年からはE10（バイオエタノールをガソリンに対して10％混合）のガソリンの試験販売を開始している。また，これに加えてタイではガソリンの含酸素添加剤としてMTBE（メチル・ターシャリー・ブチル・エーテル）が使用されてきたが，米国での使用禁止の動きからタイでもMTBEの使用を禁止し，2006年までに国産バイオエタノールに切り替える方針を打ち出している。

2005年のタイのバイオエタノール生産量は38.3万キロリットル（F.O. Licht 2007）である。バイオエタノールの主要原料はキャッサバや糖蜜である。タイではキャッサバや糖蜜が余剰状態にあるため，バイオエタノール生産の推進はこれら余剰作物・副産物の処理対策としても注目されている。

タイ政府では，バイオエタノール普及支援措置として，E10のバイオエタノールに対するガソリン物品税の免除（0.05バーツ/リットル），バイオエタノール製造業者に対する補助（1バーツ/リットル），バイオエタノール産業への新規参入業者に対する法人税の免除を実施している。

タイでは，2011年までに全てのガソリンにE10を導入する目標を設定しており，原料生産・バイオエタノール生産システムの整備を進めている。2011年には1,182百万キロリットルのバイオエタノールが必要となるため，タイ政府では2006年から2011年にかけて1,095百万リットル/年のバイオエタノール生産増強を図ることを目標としている（Chainuvati 2004）。また，バイオエタノールの原料では，キャッサバについては2005年の0.37百万トンから2008年には3.75百万トンに引き上げる目標を，さとうきびについては2005年の0.22百万トンから2008年には10.35百万トンに引き上げる目標を設定している（Chainuvati 2004）。

しかしながら，タイが2011年までにE10推進を行っていく上で，原料作物の生産が政府の計画通りに達成されるのか，飼料用・糖化用の需要が増大するなか，原料の調達確保が円滑に行われるのか，これらの課題が達成された場合に他の農産物需給への影響や更なる環境負荷といった課題は多い。

## (4) 結論

インドでは，2003年より9州および4直轄領においてE5の導入が実施され，2003年10月以降は，E5の全国に普及拡大を図っており，最終的にはE10を全国的に普及させることを目標にしている。EUでは，今後，2010年に向けてのバイオ燃料使用のアクションプランが示され，これに基づき各国がバイオ燃料の導入計画を示すことになっていることに加えて，2020年までに輸

送用燃料の最低10%をバイオ燃料にするという義務目標の設置が合意された。地球温暖化問題に積極的に取り組んできたEUは$CO_2$削減の有効な手法として今後も,バイオ燃料の導入を積極的に推進していくことが考えられる。

タイでは,2011年までに全てのガソリンにE10を導入する目標を設定しており,原料生産の増産・バイオエタノール生産増強を進めている。また,バイオエタノール原料作物としてはインドではさとうきびから得られる糖蜜が,EUではてんさい,小麦,大麦,葡萄が,タイではキャッサバや糖蜜が使用されている。

インドでは,バイオエタノール生産体制と同様に重要な流通インフラ整備が遅れていることおよびバイオエタノール製造業者に比べて流通業者への支援が行われていないことが課題である。また,ガソリンへの混合に必要な無水化処理施設の増設や原料の確保といった課題もある。

タイにおいても,2011年までにE10推進を行っていく上で,原料作物の生産が政府の計画通りに達成されるのか,原料の調達確保が円滑に行われるのか,これらの課題が達成された場合に他の農産物需給への影響や更なる環境負荷といった課題もある。

地球温暖化問題に積極的に取り組んできたEUは$CO_2$削減の有効な手法としてバイオ燃料の導入を積極的に推進している。EUでは今後もバイオディーゼルがバイオ燃料の主流であることは変わらないが,バイオエタノール生産もフランスを中心に増加傾向にあるため,今後,原料である農産物の需給にも影響を与え,食料および飼料等との競合が発生する可能性もあるものと考えられる。

注
1) USDE-EIA (2006c) によるデータ。
2) ETBEはエタノールと石油由来のイソブチレンから製造したガソリン添加剤である。①揮発しにくく大気汚染の可能性が低い,②水との親和性が低い,③車両のゴムパッキングや金属配管を劣化させない等の特徴がある。しかしながら,ETBEは製造過程で余分な二酸化炭素を排出するほか,ガソリンに混合

第3章　中国およびその他の国・地域におけるバイオエタノール需給と政策

する比率が増加するに従い排出ガス中の窒素酸化物が増加する点の問題がある。

3）2003年の目標値は2.0%であったが，実際に2004年に各国から提案のあった目標値は13ヶ国が2.0%以上の目標を設定したものの，12ヶ国が1.0%以下の目標値を設定したことからEU25の目標値は平均1.4%となった。

第4章

# 日本におけるバイオエタノール需給と政策

## 第1節　はじめに

　日本では，京都議定書で締結した温室効果ガス排出削減目標達成のために，輸送用バイオマス燃料の導入・推進の重要性が認識され，輸送用バイオエタノールの重要性や導入の道筋を描いた国家戦略としての「バイオマス・ニッポン総合戦略」を推進している。現在（2007年8月），日本では，バイオエタノール導入を推進するため，関係府省が連携して，バイオエタノールの製造とバイオエタノール3％混合ガソリン（E3）の製造・流通・利用に係る実証事業が各地域で展開されているほか，関係府省や民間レベルでもバイオエタノール導入推進のための新しい政策や計画が続々と発表されており，日本の環境・エネルギー・農業関係で最も注目を集めている案件の1つである。

　これまで，国産バイオエタノールの導入についての研究は，まず，山地，山本および藤野（2000）は資源モデルを活用した長期的なバイオエタノールの供給可能量についての研究を行った。横山（2001）は林産物・廃棄物を中心に日本のバイオマスエネルギー導入量の推定に関する研究を行った。これらの研究成果を受けて，再生可能燃料利用推進会議（2003）はバイオエタノール混合ガソリンの国内の導入可能性と利用拡大について調査・分析を行った。また，経済産業省資源エネルギー庁委託調査である「ブラジルからのエ

タノール輸入可能性に関する調査研究検討委員会」(2005) ではブラジルからのバイオエタノール輸入可能性に関する調査研究が行われた。しかしながら，日本におけるバイオエタノール政策の推進に当たっては，国産バイオエタノールの供給可能量，生産コストおよび経済的インセンティブについての経済的な分析はこれまで行われていない。

　本章は，現在，日本において国家戦略として普及が進められているバイオエタノールについて，経緯やその計画を明らかにした上で，国産バイオエタノールの供給可能性，供給可能量，生産コストおよび経済的インセンティブについて経済学的に分析を行い，日本におけるバイオエタノール普及に向けての課題について考察することを目的としている。

## 第2節　日本におけるバイオエタノール政策推進計画

### (1) バイオエタノール政策推進の背景

　日本におけるバイオエタノール生産の歴史は1889年の馬鈴薯を原料として麦芽糖化法による工場が北海道に建設されたことに始まる。その後，台湾総督府を中心に技術開発が進められ，1937年には専売アルコール制度が発足し，軍需と農村振興の目的で甘藷，馬鈴薯を原料とするバイオエタノールの生産が行われ，1944年には年間約17万キロリットルのバイオエタノールが製造された（大聖・三井物産　2004）。

　戦後も，輸入糖蜜からのバイオエタノールの生産は行われた。日本では2度の石油危機により，「脱石油化」・「省エネルギー化」を促進することに重点が置かれたため[1]，エネルギー対策としてバイオエタノール導入についての検討は最近まで行われてこなかった。しかし，京都議定書の発効により，日本は2008年～2012年の第1約束期間内に1990年の温室効果ガス排出量に比べ，6％削減する義務が発生したことが，日本でバイオエタノールの導入についての検討が開始された最大のインセンティブである。このため，輸送用燃料としてのバイオエタノールの活用が目標達成のための重要な手法として

注目された。

　日本の工業用需要量（2000年度）は300千キロリットルであるが，このうち燃料用としての需要はなく，化学工業用，食品加工用で占められている。また，生産量（2000年度）についても307千キロリットルであるが，このうち59.9％が粗留アルコール[2]として海外から輸入して製造，32.9％がエチレンを原料に製造されており，バイオマス由来の糖蜜からのバイオエタノール生産量は2.3％を占めるに過ぎない（(社)アルコール協会　2006）。

## (2) バイオエタノール政策の推進

　日本においてバイオマスを含む各種資源の循環利用を促進することが初めて法令に明記されたのは2001年に施行された「循環型社会形成推進基本法」であるが，初めて燃料用としてのバイオエタノール生産・普及の推進が政府の計画として発表されたのは，2002年12月に閣議決定された「バイオマス・ニッポン総合戦略」である。日本では京都議定書の発効により，2008年～2012年の第1約束期間内に1990年の温室効果ガス排出量に比べ，6％削減する義務が課されている。これにより，バイオマスを中心とした環境保全や資源循環を促進するため，農林水産省が中心となり今後のバイオマスの利活用促進のための国家戦略として関係府省とともに検討を開始した。その結果，農林水産省，環境省，文部科学省，経済産業省，国土交通省および内閣府の6府省により，「バイオマス・ニッポン総合戦略」が2002年12月に閣議決定された。同戦略ではバイオマスの総合的な利活用が盛り込まれており，閣議決定以降，バイオエネルギーに係る技術開発，普及促進施策が関係府省により総合的に展開されている。

　同戦略では，バイオエタノールについては「バイオマス由来の自動車燃料の円滑な導入に向け，幅広い意見を踏まえながら，関係府省が一体となって規格化，供給体制の整備の導入スケジュールを検討するため，その前提として，バイオマス由来の自動車燃料導入のメリット・デメリットについて，日本の事情も踏まえて適切な評価を行う。」こととしており，具体的には「バ

イオマス由来の自動車燃料の安全性確認，品質評価を行うため，一定の利用システムの実証等を行う」ことが明記された（閣議決定　2002）。

また，2001年以降，一部の業者から販売された高濃度アルコール含有燃料による火災事故が発生したことから，2002年11月から自動車燃料における混合燃料の法規制について総合資源エネルギー調査会石油分科会石油部会燃料政策小委員会で議論が行われた。この中間答申を受け，「揮発油等の品質の確保等に関する法律（品確法）」が2003年5月に改正（同年8月施行）され，輸送用車両の燃料系統に用いられる金属の腐食やゴム・樹脂の劣化問題，排ガス基準への適合性に鑑み，バイオエタノールのガソリン混合許容値は3％（体積ベース）と定められた（大聖・三井物産　2004）。

## (3) 関係府省の対応

### 1) 環境省

環境省では，バイオエタノールを京都議定書で定められた温室効果ガス排出抑制目標達成のための有力な手法と考え，2003年7月に地球環境局長の私的諮問機関として「再生可能燃料利用推進会議」を開催し，バイオエタノール導入普及に向けた取り組みが議論された。2004年3月にはそれまでの議論を取りまとめた「バイオエタノール混合ガソリン等の利用拡大について（第1次報告）」が発表された。この報告では，バイオエタノール混合ガソリン普及の将来像としてE3普及のロードマップおよびE10（バイオエタノール10％混合ガソリン）普及の道筋が明らかにされた[3]。

E3普及のロードマップでは，一部地域における地域実証事業（パイロット事業）のステージ（2003～2004年度）を経て，国内バイオマス資源の有効利用が期待出来る地域から着手し，次第に全国に拡大していくステージ（2005年度～2012年度）の2段階で普及を進めることとし，2012年度には全国的にE3が浸透し，供給量として180～200万キロリットルのバイオエタノールを導入することを目標とした。国内バイオマス資源の有効活用の観点からバイオエタノール普及の意義が大きいことから，普及拡大を進める第2ス

テージでは,国内バイオマス資源から製造したバイオエタノールを核として,E3の暫時的な供給拡大を図ることとした(再生可能燃料利用推進会議2003)。

また,E10についても段階的に普及を推進していく方針が示された。しかし,自動車用ガソリンにE10を全面的に導入するためには年間約600万キロリットルのバイオエタノールの供給が必要であることに加え,E10仕様車の車両開発,新車のE10の段階的転換,E10仕様車の代替が相当進んだ段階でのE10供給の開始,E3からE10への切り替えと全面E10化といったステップを踏んでいくことになる。このため,E10についてはE3の普及が全国的にかなり普及した段階から着手する方針が打ち出された(再生可能燃料利用推進会議 2003)。

環境省では,バイオマス資源を原料とする「エコ燃料」[4]について普及拡大に向けた具体的なシナリオを明らかにし,その実現に向けての対応方策を検討するために2005年12月に「エコ燃料利用推進会議」を設置した。その結果,2006年5月に開催された第4回会議において,地球温暖化対策の一環としてバイオマス由来のエコ燃料普及に向けた計画である「輸送用エコ燃料の普及拡大について」を発表した。同計画では,長期的に目指すべき普及状況を念頭に置いて,そこに至る具体的な道筋を示した。

さらに,2007年度予算では,大都市圏におけるE3供給システムの確立,沖縄県宮古島等におけるエコ燃料生産・利用の拠点づくりの支援,廃棄物等からのバイオエタノール等の製造や利用に必要な費用の補助等を実施している。

## 2)農林水産省

バイオマス燃料を製造するシステムの構築に向け,原料となるバイオマスの生産・収集等について「バイオマス利活用高度化実証事業」として,北海道十勝地区,山形県新庄市でモデル事業を実施している[5]。特に,十勝地域のモデル事業では寒冷地という立地特性を考慮し,さまざまな作物栽培試験

やバイオエタノール変換実証実験を行った。また，新庄市のモデル事業ではバイオエタノール原料としてのソルガム栽培，ソルガムを原料とするバイオエタノールの実証実験を行った。いずれの事業も関係府省との連携のもとで実施されている。なお，農林水産省がバイオエタノール政策を積極的に推進する背景としては，農村における環境保全や資源循環を促進するほか，農産物の新たな需要の拡大とこれによる農家の所得向上，農村地域の活性化を図ることが背景としてある[6]。

さらに，農林水産省では，2007年度予算において，国産バイオ燃料導入促進対策を強力に推進している。現在，国産の輸送用バイオ燃料については商業的利用実績がなく，まずは実例を創出するとともに，競合するガソリン・輸入エタノールとのコスト競争力のある環境整備が重要となる。このため，国産バイオ燃料の商業的な導入を目指し，当面安価に調達出来る農産物（規格外小麦等）を原料に製造・利用するバイオ燃料の地域利用モデルの整備と技術実証経費の助成とを一体としたモデル実証事業である「バイオ燃料利用モデル実証事業」を実施している。これによって，国産バイオ燃料を5年後に単年度で5万キロリットル以上導入することとしている。併せて，中長期的視野に立ち，バイオ燃料の低コスト高効率生産技術の開発等を進め，将来の資源作物導入への道筋を付けていくこととしている。また，バイオマスの発生から利用までが効率的なプロセスで結ばれた総合的な利用システムを有する「バイオマスタウン構想」の実現に向けた地域の創意工夫を凝らした主体的な取り組みを支援している。また，全国に存在するバイオマスを発見し，地域の取り組みとしてより一層活用する「地域バイオマス発見活用促進事業」を実施し，関係各主体の機運を高め，国産バイオ燃料普及・生産を強力に推進する体制を進めている。

### 3）経済産業省

経済産業省では，「品確法」に基づき石油系燃料の既存燃料の規制を所管する一方で，バイオエタノールの普及促進を図る施策を実施している。2001

年度から新エネルギー・産業技術総合開発機構（NEDO）を通じて「バイオマスエネルギー高効率転換技術開発事業」においてセルロース系バイオエタノール発酵技術開発を行っている（2001年度～2006年度）。また，2005年度からは「バイオマス混合燃料導入実証研究事業」としてバイオエタノールの製造，輸入から流通，利用までを対象とした実証実験を行っている（2005年度～2006年度）。

　また，経済産業省では原油価格の高騰や温暖化防止といった課題に応えたエネルギー安全保障強化策の方向性を示す「新・国家エネルギー戦略」を2006年5月31日に発表した。この中でバイオ燃料関係では，燃料多様化に向けた環境整備の中でバイオマス由来燃料供給インフラの整備，バイオマス由来燃料の供給促進・経済性向上が具体的取り組みとして明記されている。経済産業省としてはバイオエタノールの活用による代替燃料の普及により，原油依存度の更なる低減を目指している。また，運輸部門の石油依存度を現状100％から2030年までに80％程度とすることや，エネルギー効率を現状から2030年までに少なくとも30％向上すること等を目標としている（経済産業省 2006a）。

　この目標実現の一環として，2007年5月に「次世代自動車・燃料イニシアティブ」についてを発表し，次世代自動車・燃料の導入に向けて，次世代自動車バッテリー，クリーンディーゼル，水素・燃料電池，バイオ燃料，世界一優しいクルマ社会構想についての戦略を明らかにした。この中で，バイオエタノールについてはセルロース系由来バイオエタノール製造技術開発に努めること，バイオエタノールの状況に応じた段階的な利用拡大を図ること等が示されている（経済産業省　2007）。2007年度予算では，沖縄県宮古島において，バイオエタノール3％混合ガソリンの製造から給油までのフィールドテストを実施し，安全性・経済性等の観点から最適なE3流通モデルの確立を目指している。また，ETBE導入による影響調査研究，ETBE混合ガソリン導入実証実験等が実施されている。

４）総務省

「バイオマス燃料供給施設の安全性に関する調査検討委員会」(危険物保安技術協会)において，バイオエタノール３％混合ガソリンについて危険物保安の観点から技術的検討が行われ，この結果を踏まえ，バイオエタノール３％混合ガソリンを取り扱う給油取扱所に対する当面の運用指針が定められた(2004年３月３日消防危第26号)。また，バイオマス燃料に関する危険物保安の確保については，バイオエタノール３％混合ガソリンも引き続き検討が行われ，技術基準やガイドラインの整備が行われている。

また，2007年度予算において，ETBEの安全対策の検討，沖縄県におけるバイオエタノールの安全対策の検証が実施されている。

５）国土交通省

2007年度予算において，ガソリンに高濃度のバイオエタノールを混合した燃料を同燃料対応車に使用した場合の安全・環境性能について調査を実施している。また，地球温暖化対策に資すること等を目的として，バイオマス燃料等の新燃料を利用する等，石油代替性に優れた次世代公害車の開発・実用化を促進するため，試作車両の実証走行試験等を行うことにより，実用性を検証するとともに，技術基準等の整備を実施している。

(4) 京都議定書目標達成計画

2005年４月に閣議決定された京都議定書目標達成計画においては，新エネルギー対策の推進による2010年度の新エネルギー導入量を原油換算1,910万キロリットル(日本の一次エネルギー供給量の３％相当)，これによる排出削減効果を約4,690万トン$CO_2$と見込んでいる。このうち，輸送用燃料におけるバイオマス由来燃料の利用については原油換算50万キロリットルの導入(バイオエタノール換算：80万キロリットル)を目標としている(閣議決定2005)[7]。

## (5)「新バイオマス・ニッポン総合戦略」の決定

　上記のように，京都議定書が2005年4月に発効し，温室効果ガス排出削減目標達成のためには，輸送用燃料の導入にバイオマスエネルギーが必要であること，国産バイオマス輸送用燃料の導入の道筋を描くことが必要であることが政府内で大きな課題となった。このため，2002年12月に閣議決定された「バイオマス・ニッポン総合戦略」（以下「総合戦略」という。）の見直しが行われ，2006年3月に新たな総合戦略として閣議決定された。なお，この新たな総合戦略の閣議決定により2002年に決定された総合戦略は2006年3月末をもって廃止された。

　新たな総合戦略では，2030年を見据えた戦略として，バイオマス由来液体燃料の本格導入，アジア諸国におけるバイオマスエネルギー導入への積極的関与およびこれら諸国への関連技術の移転の積極的推進が位置付けられている。バイオマス輸送用燃料の利用の促進に関しては，政府がスケジュールを示し，利用に必要な環境を整備することとし，そのために必要な利用設備導入に係る支援と多様な手法の検討が位置付けられている（閣議決定　2006）。

　特に，国産バイオマス輸送用燃料の利用促進として，関係省庁連携による利用実例の創出，原料農作物の安価な調達手法の導入，低コスト・高効率な生産技術の開発等が位置付けられている（閣議決定　2006）。

　2002年の総合戦略では全体のうちバイオ燃料の取り扱いは極めて小さかったものの，その後の京都議定書発効に伴い，バイオ燃料導入の重要性がより重視されたことにより，2006年の総合戦略ではバイオ燃料がバイオマス製品の主力と位置付けられ，関連政策がより具体化・充実していることが大きな特徴である。

　2006年の総合戦略では，バイオ燃料関係では，以下の点が具体的に位置付けられている（閣議決定　2006）。

・国が主導して導入スケジュールを示しながら，経済性，安全性，大気環境への影響および安定供給上の課題への対応を図り，計画的な利用に必要な

環境を整備し，積極的な導入を誘導するよう，燃料の利用設備導入に係る補助等を行うとともに利用状況等を踏まえ，海外諸国の政策も参考としつつ，多様な方法について検討する。
・国産バイオマス由来輸送用燃料は，産地や燃料を製造する地域やその周辺地域における利用を中心に進める等，輸入燃料との棲み分けを明確にする。
・国産バイオマス由来輸送用燃料の利用促進を図るため以下の政策を推進する。
　―実際にさとうきび等国産農産物等を原料としたバイオエタノールの利用を図る実例を関係省庁連携の下で創出
　―原料となる農産物等の安価な調達手法の導入や関係者の協力体制の整備
　―高バイオマス量を持つ農作物の開発・導入や木質バイオマス等からの効率的なエタノール生産技術の開発，低コスト生産技術の開発

## (6) 実証実験の取り組み

日本ではバイオエタノール導入を推進するため，関係府省が連携して，バイオエタノールの製造とバイオエタノール3％混合ガソリン（E3）の製造・流通・利用に係る実証事業が展開されている。各地域の実証実験におい

表4-1　各地域におけるバイオエタノール導入実証実験例

| 地域 | 実施主体 | 実施期間 | 関係府省 | 事業内容 |
| --- | --- | --- | --- | --- |
| 北海道十勝地区 | (財)十勝振興機構 | 2004～2005年度 | 環境省，農林水産省，経済産業省 | 規格外小麦，とうもろこしおよびてんさいからのバイオエタノール製造とE3実証 |
| 山形県新庄市 | 新庄市 | 2003～2005年度 | 農林水産省 | ソルガムからのバイオエタノール製造とE3実証 |
| 大阪府堺市 | バイオエタノール・ジャパン関西，大阪府 | 2004～2007年度 | 環境省 | 建築廃木材からのバイオエタノール製造とE3実証 |
| 岡山県真庭市 | 三井造船，岡山県 | 2005～2007年度 | 経済産業省 | 製材所端材からのバイオエタノール製造とE3実証 |
| 沖縄県宮古島 | りゅうせき | 2005～2007年度 | 環境省 | さとうきび糖蜜からのバイオエタノール製造とE3実証 |
| 沖縄県伊江村 | アサヒビール | 2005～2007年度 | 環境省，農林水産省，経済産業省，内閣府 | 高収量さとうきび（新品種）の糖蜜からのバイオエタノール製造とE3実証 |

（資料）エコ燃料利用推進会議（2006）より作成。

ては，バイオエタノールの製造の実証とともに，E3の製造および供給に必要な対応方法の確立や車両への影響の検証を目的として，給油所でE3を供給するための設備対応や事前点検を実施している。これにより，ガソリンとバイオエタノールを混合してE3を製造して給油所にて車両に供給するとともに，E3による実証走行実験を行っている（表4-1）。

1）北海道十勝地区

　寒冷地におけるE3が自動車燃料として問題なく使用出来ること，寒冷地の給油所における水分混入の管理，凍結の防止等の北海道において必要となる具体的対応方法を実証することを目的に実施された。バイオエタノール生産に関しては，デントコーン（青刈りとうもろこし）やライ麦といった資源作物を育成してバイオエタノール変換試験を行ったほか，規格外小麦やてんさいを原料としたバイオエタノール製造に関する研究を実施した（2004～2005年度）。

2）山形県新庄市

　2003年度の「品確法」改正に伴い，E3による公用車の走行を全国に先駆けて開始した。バイオエタノール生産に関しては，ソルガムの栽培実証とその搾汁からのバイオエタノール製造実証を実施した（2003～2005年度）。

3）大阪府堺市

　バイオエタノール3％混合ガソリンについて，特に流通の末端にある給油所における水分混入の管理，腐食の防止についての具体的対応方法を実証している。バイオエタノール生産に関しては，建築廃木材を原料として酸分解・発酵法によりバイオエタノールを製造する商用プラントの整備を実施している（2004～2007年度）。

4）岡山県真庭市

　林産資源生産地において供給される未利用の林産資源を原料として製造されたバイオエタノールをガソリンに3％混合して，供給施設を新たに整備して公用車に使用する実験を実施している。バイオエタノール生産に関しては，針葉樹端材の木材チップを主原料とするバイオエタノール製造プラントの実証実験を行っている（2005～2007年度）。

5）沖縄県宮古島

　沖縄県産さとうきびから得られる糖蜜を原料として，高効率なバイオエタノールを生産・無水化するプロセスを開発するとともに，E3を沖縄県宮古支庁および宮古島市の公用車に供給して実車走行試験を行っている（2005～2007年度）。

6）沖縄県伊江村

　バイオエタノール3％混合ガソリンの混合設備の整備および公用車による走行試験を実施している。バイオエタノール製造に関しては，高バイオマス量さとうきび[8]の広域安定生産技術の開発，高バイオマス量さとうきびから原料糖蜜を作るバイオエタノール製造前処理工程の技術開発，バイオエタノール発酵・精製の技術開発を行っている（2005～2007年度）。

　また，経済産業省では福岡県北九州市において食品廃棄物からのバイオエタノール製造実証事業を行っている。
　さらに，農林水産省では，国産バイオ燃料の本格的な導入に向けて，前述の「バイオ燃料地域利用モデル実証事業（バイオエタノール混合ガソリン事業）」により，北海道清水町，北海道苫小牧市，新潟県における実証事業が2007年度から開始されている。

## 第3節　今後の政策の展開と課題

### (1) 今後の政策の展開方向

#### 1) 国産バイオ燃料の大幅な生産拡大

　2007年2月には農林水産省が中心に関係府省が連携して，国産バイオ燃料の大幅な生産拡大に向けた工程表を作成し，内閣総理大臣に報告した。具体的な取り組みとしては，農林水産省ではさとうきびや糖蜜，小麦等の安価な原料を用いたバイオ燃料の利用モデルの整備と技術実証を行い，2011年度に単年度5万キロリットル（原油換算3万キロリットル）の国産バイオ燃料の生産を目指すこととしている。また，環境省では，建築廃材を利用した国産バイオ燃料製造施設の拡充等を支援する事業を行い，今後，数年内に単年度1万キロリットル（原油換算0.6万キロリットル）の国産バイオ燃料の生産を目指すこととしている（バイオマス・ニッポン総合戦略推進会議　2007）。

　中長期的には，稲わらや木材等のセルロース系原料や資源作物からのバイオエタノールを高効率に製造出来る技術等を開発し，国産バイオ燃料の生産拡大に向けて，技術面での課題，制度面での課題，製造・流通，貯蔵，利用等の課題を解決することを目指し，これらの革新的技術を十分に活用し，他の燃料や国際価格と比較して競争力を有することを前提として，2030年ごろまでに国産バイオ燃料の大幅な生産拡大を図ることとしている（バイオマス・ニッポン総合戦略推進会議　2007）。中長期的観点からの生産可能量としては，農林水産省の試算として，稲わら等の収集・運搬，エタノールを大量に生産出来る作物の開発，稲わらや間伐材等からエタノールを大量に生産する技術の開発等がなされれば，2030年頃には600万キロリットル（原油換算360万キロリットル）の国産バイオ燃料の生産が可能と試算している（表4-2）。

表4-2 中長期的観点からの国産バイオ燃料生産可能量

| 原料 | 生産可能量（2030年度）バイオエタノール換算 |
|---|---|
| 糖・でんぷん質（安価な食料生産過程副産物,規格外農産物等） | 5万キロリットル |
| 草木系（稲わら,麦わら等） | 180～200万キロリットル |
| 資源作物 | 200～220万キロリットル |
| 木質系 | 200～220万キロリットル |
| バイオディーゼル燃料等 | 10～20万キロリットル |
| 合計 | 600万キロリットル |

（資料）バイオマス・ニッポン総合戦略推進会議（2007）。

## 2）ETBE導入の動き

　政府の動きとは別に民間でも独自の動きが出てきている。まず，日本の石油精製・元売会社18企業からなる石油連盟では輸送用燃料におけるバイオマス由来燃料について，2010年度において36万キロリットルのバイオエタノールを原料としてETBE（エチル・ターシャリー・ブチル・エーテル）[9]を導入するため，石油連盟各社はETBEの効率的かつ円滑的な導入に向けて，バイオエタノールを共同輸入する方向で検討することを2006年4月に発表した。石油連盟が直接バイオエタノールをガソリンに混合するのではなく，ETBE添加を推奨する理由としては，バイオエタノール混合はガソリンに対してコストが高い[10]ことを理由としている。また，三井物産㈱では，ブラジルからのバイオエタノール輸入拡大に備え，ブラジルのバイオエタノール販売・流通最大手のペトロブラス（Petrobras）社との業務提携，共同調査を行っている。

　ETBEについては，経済産業省により導入に際しての影響に関する調査研究を2006年度から実施している。また，石油連盟では，経済産業省の補助事業として2007年4月末から首都圏（東京都，神奈川県，埼玉県，千葉県）の50箇所の給油所において，ETBEとガソリンを混合した燃料「バイオガソリン（バイオETBE）」の試験販売を開始した。なお，ETBEについては国内

供給体制が整備されていないことから,フランスから輸入を行った。石油連盟でも安全性の確認の調査とリスク調査を行った上で,その結果を踏まえて設備対応を行い,2008年度以降,販売拡大を行う予定である。そして,2010年度には全国展開を行い,21万キロリットル相当の「バイオガソリン」を販売する予定である(石油連盟 2007)。

しかしながら,ETBEの使用については安全性の問題が完全に払拭されていない等の問題もある。

## (2) バイオエタノール普及に向けての課題

バイオエタノール混合ガソリンの導入に当たっては,バイオエタノール供給量の確保および供給・流通面でのバイオエタノール混合ガソリン対応が必要である。バイオエタノール供給量を確保するためには,国産バイオエタノールの生産体制の整備と輸入バイオエタノールの安定確保が求められる。

### 1) 国産バイオエタノール生産コスト

今後,バイオエタノールを生産するに当たり最大の課題となるのが生産コストである。世界最大のバイオエタノール生産国であるブラジル(さとうきびを原料)のバイオエタノール生産コスト[11]は,20セント/リットルであるが,これを日本まで輸送した時のCIF(原価,保険料および運賃込み)価格は76.4円/リットルである(農林水産省大臣官房環境政策課 2006)。これに対して,農林水産省の試算(農林水産省大臣官房環境政策課 2006)によると,現在,沖縄で開発が進んでいる国産糖蜜から製造したバイオエタノールは90.4円/リットル(原料コスト7.0円/リットル,製造コスト83.4円/リットル),国産規格外小麦から製造したバイオエタノールは98.0円/リットル(原料コスト52.0円/リットル,製造コスト46.0円/リットル)となる[12](図4-1)。これに対して,ガソリンの精油所出荷価格は67.2円/リットルであり,ガソリン税は53.8円/リットル(うち揮発油税48.6円/リットル,地方道路税5.2円/リットル),合計で121.0円/リットルとなる[13]。

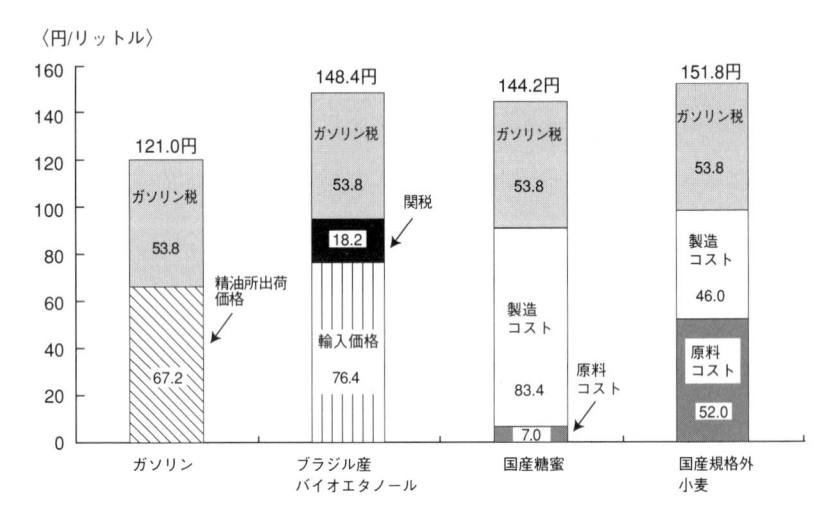

**図4-1 日本におけるバイオエタノール生産コスト（2006年）**

（資料）農林水産省大臣官房環境政策課（2006）より作成。
（注）1．ガソリンは2006年5月1日時点の卸売価格。
2．ブラジル産バイオエタノールは2006年3月時点のCIF価格，関税率は23.8％。
3．糖蜜については，2,200トンの糖蜜から720kgのバイオエタノールを製造（2,000/トン＝バイオエタノール7円/リットル）。
4．規格外小麦については，2.7万トンの小麦から11,600キロリットルのバイオエタノールを製造（規格外小麦22円/kg＝バイオエタノール52円/リットル生産（財十勝振興機構試算））。

以上のように，現段階では，ガソリンの生産コストを下回る国産バイオエタノールは現れておらず，国産バイオエタノールは，ガソリンに対してコスト面での優位性がない状況にある。このため，今後，国産バイオエタノール生産に係る技術開発の推進，生産経験の蓄積により，国産バイオエタノール生産コスト低減を図っていくことが急務である。日本において国産バイオエタノール生産コストをいかに低減していくかが，今後の国産バイオエタノール生産振興の大きな鍵を握っている[14]。

## 2）経済性

E3の場合は原料バイオエタノール卸売価格が相当低く抑えられない限り

通常のガソリンよりも高い小売価格となり，そのままの状態での普及拡大は困難と思われる。特に，他の国々ではバイオエタノールのガソリンへの混合が法律では義務付けられているものの[15]，日本では混合が法律では義務付けられておらず，あくまでも3％を上限として混合することが法律で認められているのみである。また，日本でバイオエタノールの円滑な普及拡大を図るためにはバイオエタノール混合ガソリンの価格競争力を向上させることは必要であるが，米国等と同様にガソリン税の減免が必要不可欠の要素である。具体的には，バイオエタノールにガソリン税の減免措置を適用させることにより，価格面でガソリンに対する経済的インセンティブを設けることが必要である。現在のところ，バイオエタノールに対するガソリン税の減免措置については適用されていないが[16]，早期に適用を行うことが望まれる。

特に，バイオエタノールはガソリンよりも発熱量が低く，ガソリン1リットルと同量の熱量を得るためにはE3では1.012リットルが必要となる。バイオエタノールについて発熱量当たりのガソリン税率を適用すると，E3の価格は99.8円/リットル，E3をガソリンと同量の発熱量と換算した価格では101円/リットルとなる（再生可能燃料利用推進会議　2003）。このため，バイオエタノールのガソリンに対する発熱量の差からもガソリン税の減免措置は必要である。

### 3）安定した国産バイオエタノールの生産体制の整備

国産バイオエタノール生産に関しては，高コストに加えて，原料賦存量（生産量）が少ないという問題がある。現在（2007年8月），導入可能と考えられる農産物としては食料生産の副産物であるさとうきびの糖蜜，規格外農産物である小麦，くず米，本来の需要を上回る生産量が存在し，安価に取引されている交付金対象外てんさいが考えられる。これら農産物からの賦存量を勘案すると現段階での日本における国産バイオエタノール生産可能量は最大で約10万キロリットルである（表4-3）。ただし，これら農産物はその多くが飼料用に仕向けられており，バイオエタノール原料として利用するために

表4-3 日本における農産物からのバイオエタノール最大生産可能量

|  | 重量当たり生産量<br>(リットル/トン) | 生産量<br>(トン) | 最大生産可能量<br>(キロリットル) |
| --- | --- | --- | --- |
| 糖蜜（さとうきび） | 322.6 | 31,000 | 10,000 |
| 交付金対象外てんさい | 103.6 | 280,000 | 29,008 |
| 規格外小麦 | 415.4 | 130,000 | 54,002 |
| くず米 | 458.3 | 24,000 | 10,999 |
| 合計 | — | 465,000 | 104,009 |

（資料）重量当たり生産量は農林水産省試算，生産量は農林水産省総合食料局（2005）。
（注）重量当たり生産量は2005年度，生産量は2004年産の統計。

は既存の用途との調整を図る必要がある。ほかにもソルガム，とうもろこし，馬鈴薯，甘藷，さとうきびが候補としてあるものの，現段階では既存の食用・加工用の用途が確立しているため，既存の用途との調整が困難である。

　特に，農産物からのバイオエタノール生産は天候に大きく左右され，生産量が安定していないことや食料自給率の低さから食料とも競合することが考えられている。日本は土地利用面積での制約による低い食料自給率の観点から，農産物のみを原料としたバイオエタノールの生産には限界がある。このため，日本において国産バイオエタノールの増産を図るためには，農産物以外の草本・木質系からのセルロース系原料からのバイオエタノール生産を図ることが重要である。しかしながら，草本・木質系からのセルロース系原料からのバイオエタノール生産は米国，カナダ，EUおよび日本で技術開発が進められているものの，いずれも実験段階であり，実用段階には至っていない。このため，今後，セルロース系原料からのエタノール変換技術の更なる技術開発を進めていくことが重要である。

　また，草本系・木質系からのバイオエタノール生産に当たっては，原料代は農産物に比べて低いものの，収集コストが農産物に比べて高くなるのがネックであることに加えて，収集時の車両からの排出ガスの増加による$CO_2$排出量の増加により，ライフ・サイクル・アセスメントで考えた場合，更なる環境負荷が加わる可能性もあることに留意が必要である。

　当面の目標である京都議定書目標達成計画におけるバイオ燃料の2010年度導入目標である原油換算50万キロリットル（バイオエタノール換算：80万キ

ロリットル）を達成するためには，相当量の輸入バイオ燃料が必要であることがわかる。この輸入については，ブラジルからのバイオエタノール輸入に加え，アジア地域からのバイオエタノールおよびバイオディーゼルの輸入が想定されている。

政府では，当面の目標達成にはバイオエタノールの輸入は不可欠という見解を示しており，その安定供給を図ることが重要としている。日本がバイオエタノールを輸入する場合，当面は生産余力の大きいブラジルからの輸入が最も有力であるとの認識を有している。経済産業省資源エネルギー庁委託調査「ブラジルからのエタノール輸入可能性に関する調査研究」（ブラジルからのエタノール輸入可能性に関する調査研究検討委員会　2005）では，備蓄体制の整備や海上輸送能力の確保，長期購入契約の締結といった条件を満たした場合，2009年以降，180万キロリットルの供給確保は可能としている。また，同研究ではブラジルから輸出されるバイオエタノールの供給確保については他国と競合する可能性があることから，ブラジルとの長期購入契約の早期締結による対応が必要としている[17]。

## 4）バイオエタノール混合ガソリンの流通のインフラ整備およびその他

バイオエタノール混合対応費用について環境省の試算によると，精油所での対応が590億円，油槽所での対応が1,680億円，給油所での対応が960億円，蒸気圧調整設備に90億円，合計3,320億円が必要である（再生可能燃料利用推進会議　2003）。なお，日本とほぼ同じ規模の年間ガソリン需要量を有するカリフォルニア州（約6,000万キロリットル）のバイオエタノール混合対応費用は200億円となる[18]。

なお，石油連盟がバイオエタノール直接混合ではなく，ETBEをガソリンに添加することを提唱していることは，バイオエタノール直接混合の場合，混合対応費用が添加方式のETBEに比べコスト高となることが主な原因であると考えられる。

この他にも，バイオエタノール普及に当たっては，バイオエタノール使用

に対しての国民的コンセンサスが必要不可欠である。また，普及時において は，燃料用のバイオエタノールが既存の飲料用・工業用に流入し，市場の混 乱を招くことのないように防止策が必要である。

## 第4節　結論

　日本では，京都議定書の発効による温室効果ガス排出抑制目標達成，資源循環の促進，農林産物の活用による地域の活性化，原油依存度の更なる低減の目的からバイオエタノールの普及に向けた計画が発表され，関係する政策が推進されている。2002年12月の「バイオマス・ニッポン総合戦略」が閣議決定されたことから，バイオエタノールの普及・生産についての取り組みが行われた。また，「品確法」の改正により，バイオエタノールのガソリン混合は3％までの上限が認められた。その後，京都議定書の発効を受けて，2005年4月に閣議決定された京都議定書目標達成計画により，2010年度における輸送用燃料におけるバイオマス由来燃料の利用については原油換算で50万キロリットル（バイオエタノール換算：80万キロリットル）の導入が目標とされた。これを受けて，温室効果ガス排出削減目標達成のために，輸送用バイオマス燃料の導入・推進の重要性が認識され，「バイオマス・ニッポン総合戦略」が2006年3月に閣議決定された。

　日本では以上の戦略・計画を受けて，バイオエタノール導入を推進するため，関係府省が連携して，各地域で国産バイオエタノールの製造とバイオエタノール3％混合ガソリン（E3）の製造・流通・利用に係る実証事業が展開されているほかにも関係府省が導入推進のための政策を推進している。特に，2007年2月には国産バイオ燃料の大幅な生産拡大に向けた工程表が内閣総理大臣に報告され，2011年度に5万キロリットルの国産バイオ燃料の生産を行い，2030年頃に600万キロリットルの国産バイオ燃料の生産が可能としている。

　しかしながら，国産エタノールを生産するに当たり最大の課題となるのが

生産コストの問題である。現段階では，ガソリンの生産コストを下回る国産バイオエタノールは現れておらず，国産バイオエタノールは，ガソリンに対してコスト面での優位性がない状況にある。このため，国産バイオエタノール生産に係る技術開発の推進により国産バイオエタノール生産コスト低減を図っていくことが急務である。

さらに，E3の場合は原料バイオエタノール卸売価格が相当低く抑えられない限り通常のガソリンよりも高い小売価格となり，そのままの状態での普及拡大は困難である。特に，他の国々ではバイオエタノールのガソリンへの混合が法律では義務付けられているものの，日本では混合が法律では義務付けられておらず，あくまでも3％を上限として混合することが法律で認められているのみである。また，日本のバイオエタノール普及を推進するためには，ガソリン税の減免措置の適用といった経済的インセンティブが必要である。以上の生産コストの低減やガソリン税の減免措置の適用といった経済的インセンティブのいずれかが欠けても国産バイオエタノール生産・普及の推進は困難とならざるを得ない。

特に，国産バイオエタノール生産に関しては，コストが高いという面がある。特に，農産物は天候に大きく左右され，生産量が安定していないことや食料自給率の低さから食用向け需要とも競合することが考えられている。日本では土地利用面積での制約による低い食料自給率の観点から農産物を原料としたバイオエタノールの生産には限界がある。このため，日本において国産バイオエタノールの増産を図るためには，農産物以外の草本・木質系といったセルロース系原料からのバイオエタノール生産を図ることが重要である。日本では米国等と同様，セルロース系原料からのバイオエタノール生産に関する技術開発が進められているが，商業的実用段階には至っていない。このため，今後，セルロース系原料からのエタノール変換技術の更なる開発を進めていくことが重要である。また，セルロース系原料からのバイオエタノール生産に当たっては，原料代は農産物に比べて低いものの，収集コストが農産物に比べて高くなるのがネックであることに加えて，収集時の車両か

*137*

らの排出ガスの増加による$CO_2$排出量の増加により，ライフ・サイクル・アセスメントで考えた場合，更なる環境負荷が高まる可能性もある。

　以上のように，国産バイオエタノール生産に関しては農林水産省の示した中長期的観点からの生産可能量目標達成には課題があり，当面の導入目標である2010年度の輸送用燃料におけるバイオマス由来燃料導入目標80万キロリットル（バイオエタノール換算）に対して，2011年度の国産バイオ燃料の生産目標量は5万キロリットルに過ぎない。このように，バイオエタノール供給に関しては国産バイオエタノールの生産拡大に向けた課題を今後，段階的に解決していきながら，増産を行うにしても，当分の期間は，輸入に相当部分を依存せざるを得ない状況が考えられる。しかし，日本が輸出余力のあるブラジルからバイオエタノールを大量輸入することは国際砂糖需給への影響の問題が考えられる。この点については第6章で論じたい。

**注**
1) 日本の石油依存度は73年に77.4%，79年に71.5%となり，2001年には49.4%にまで下落した（経済産業省　2005）。
2) 粗留アルコールとはアルコール濃度90%以下のもの。
3) これは閣議決定ではなく，環境省による目標である。
4) 環境省では，バイオエタノール・バイオディーゼルといったバイオ燃料についての環境面を強調した「エコ燃料」という用語を2005年12月以降，使用している。
5) 詳細については本章第2節 (6)「実証実験の取り組み」を参照。
6) 農林水産省では，「攻めの農政」の一環として国産バイオエタノールの普及・生産を，積極的に推進していくことを発表した（2006年11月）。
7) 2010年度における新エネルギー導入量目標である1,910万キロリットルのうち，太陽光発電は118万キロリットル，風力発電は134万キロリットル，廃棄物発電＋バイオマス発電は585万キロリットル，太陽熱利用は90万キロリットル，廃棄物熱利用は186万キロリットル，バイオマス熱利用308万キロリットル，未利用エネルギーは5万キロリットル，黒液・廃材等は483万キロリットルとされている（閣議決定　2005）。
8) 高バイオマス量さとうきびとは，従来種よりも一株当たりの茎の数が多く，株の再生能力が旺盛であるため，複数年の連続株出栽培では単位面積当たりのバイオマス生産量が従来種の2倍以上となる。そのため，単位面積当たり

の蔗糖量が従来種よりも多くなることが特徴である。農林水産省の2005～2007年度の実証実験で，沖縄県伊江村において50アールの畑で，年間30トンの高バイオマス量さとうきびを開発して，37キロリットルのバイオエタノールを製造し，村の全公用車63台でE3として利用する計画である。

9) ETBE（エチル・ターシャリー・ブチル・エーテル）は，含酸素燃料としてフランスやスペインでガソリン添加剤として使用されている。原料はエタノールと石油由来のイソブチレンである。
10) 本章第3節（2）4）「バイオエタノール混合ガソリンの流通のインフラ整備」を参照。
11) 2003年時点におけるMacedo（2005）によるコストデータ。
12) 実証実験から得られたコストデータである（農林水産省大臣官房環境政策課 2006）。
13) 2005年6月1日現在の卸売価格（農林水産省大臣官房環境政策課 2006）。
14) 民間企業において，高バイオマス量さとうきびの糖蜜からのバイオエタノール製造コストの低減に努めているほか，セルロース系原料からバイオエタノールを製造する技術を開発する動きがみられている。
15) 序章を参照。
16) 環境省・農林水産省は2007度の税制改正において，1リットル当たり53.8円のガソリン税（揮発油税48.6円，地方道路税5.2円）をエタノール分について無税とするよう財務省に共同で要望した。しかしながら，ガソリン税の取り扱いについては各省間で考え方に相違が見られ，2007年度の税制改正には反映されなかった。
17) この報告書にはブラジルでは砂糖とバイオエタノールの価格に相関性があまりないことやブラジルのバイオエタノールの長期供給力には問題がないことが論じられている，これらの点については筆者とは見解が異なる。これらの点については第2章を参照されたい。
18) 油槽所数135箇所，給油所数9,600箇所の場合。

### 第5章

# 米国および中国におけるバイオエタノール政策の拡大が国際とうもろこし需給に与える影響分析

## 第1節　はじめに

　米国では1970年末から，エネルギー，環境問題そして余剰農産物問題への対応からとうもろこしを主原料としたバイオエタノールの生産およびガソリンへの混合が実施されている。この動きは1990年の改正大気浄化法施行以降，加速化されている。2006/07年度[1]ではとうもろこし生産量の20.4%がバイオエタノール需要量に仕向けられており（USDA-FAS　2007b），今後，この仕向け割合は増加していくことが米国農務省により予測されている（USDA　2007c）。このバイオエタノール需要増加の動きは米国とうもろこし需給および貿易のみならず国際とうもろこし需給にも影響を与えることが考えられる。これはとうもろこしの輸入量の95%[2]を米国に依存している日本の食料安全保障にとっても重要な問題である。

　また，中国でも高い経済成長を背景とした自動車およびガソリン需要量の増大に伴う石油の輸入依存度の軽減および都市の環境汚染を抑制を目的に，2001年からとうもろこしを主原料としたバイオエタノールを生産し，ガソリンにバイオエタノール10%を混合させた混合ガソリン（E10）を普及させる政策を推進している。2002年6月より黒龍江省，河南省の5都市でE10を使用するテストが開始，2004年10月より5省で省全体の取り組みとしてE10が推進され，さらには2005年末までに4省の27都市でも実施され，今後は全国

的な普及に向けて政策の拡大が考えられる。世界のとうもろこし生産量の2割を占め，純輸出国から純輸入国になることが予測されている中国におけるとうもろこしを原料とするバイオエタノール政策は国際とうもろこし需給を展望する上でも重要な問題である。

　米国のバイオエタノール政策と原料であるとうもろこし需給に与える影響についてはこれまでも幾つかの研究が行われてきた。U.S. General Accounting Office（1990）はバイオエタノール生産拡大に伴い，米国とうもろこし価格が上昇することを指摘している。Evans（1997）はバイオエタノール生産拡大に伴う米国とうもろこし価格への影響および関連国内産業への波及効果について産業連関表を使用して試算を行った。Urbanchuk（2001）はUSDAのベースライン予測モデルを用いてバイオエタノール需要増加が国内とうもろこしの需給に与える影響について2016年までの予測を行った。Ferris（2004）およびUSDA（2002a）はMTBE（メチル・ターシャリー・ブチル・エーテル）3)規制によるバイオエタノール需要量の増大に伴う国内とうもろこし需要増大が国内飼料価格へ与える影響について計量的分析を行った。Togoz etc.（2007）は，分析手法を明らかにしていないものの，国際原油価格の上昇に伴うバイオエタノール需要の拡大が米国等の食料需給に与える影響について分析を行った。しかし，各州におけるバイオエタノール最低使用基準導入の動きが米国内および国際とうもろこし需給に与える影響についての分析は行われていない。また，中国についても中国のバイオエタノール産業の概要について紹介した報告書（Richman 2005）や計画導入の経緯や全体計画についての報告書（新エネルギー・産業技術総合開発機構 2005）は発表されているものの，中国を対象にバイオエタノール政策の拡大に伴い原料作物であるとうもろこし需給への影響について論じた研究はこれまで世界的にみても行われていない。

　本章では，米国および中国におけるバイオエタノール政策の拡大は両国のとうもろこし国内需給のみならず国際とうもろこし需給にも影響を与えると仮定する。本章では，両国のバイオエタノール政策の拡大が両国のとうもろ

こし需給のみならず国際とうもろこし需給に与える影響について世界主要11ヶ国・地域を対象とした部分均衡需給予測モデルである「世界とうもろこし需給予測モデル」を活用して国際とうもろこし需給に与える影響について分析を行うことを目的とする。

## 第2節　米国および中国における バイオエタノール政策・需給

### (1) 米国

米国では1970年代後半から，エネルギー，環境問題そして余剰農産物問題への対応から，とうもろこしを主原料としたバイオエタノールの生産およびガソリンへの混合が実施されている。この動きは1990年の改正大気浄化法施行以降，加速化されている。また，バイオエタノールと同様にオゾン汚染が深刻な地域において，含酸素燃料[4]としてガソリンに混合使用されたMTBE（メチル・ターシャリー・ブチル・エーテル）については，カリフォルニア州およびEPA（環境保護局）が地下水汚染の危険性を1999年に指摘したことから，カリフォルニア州をはじめ2007年8月現在25州が規制を表明している。このMTBEの規制州の拡大に伴い，同じく含酸素燃料として同様の効果を有するバイオエタノール需要が増加した。

さらに，米国におけるエネルギー政策全般の中期的な政策指針を定めた「2005年エネルギー政策法（Energy Policy Act of 2005）」ではバイオエタノールを主とする再生可能燃料の使用量を義務付ける「再生可能燃料基準（RFS, Renewable Fuel Standard）」が盛り込まれた。再生可能燃料基準では，自動車燃料に含まれるバイオ燃料の使用量を2006年の40億ガロン（1,514万キロリットル）から2012年までに年間75億ガロン（2,839万キロリットル）まで拡大することを義務化した。また，再生可能燃料使用に際しては，130億ドルもの連邦税の控除も認められた。

また，「2005年エネルギー政策法」のMTBE免責事項については，2006年

5月に施行されることに伴い,MTBE製造業者は自主的に国内向けのMTBE製造を中止している。このため,2006年はMTBEからバイオエタノールへの代替が最も加速するものと考えられる。これまで,MTBEの規制はバイオエタノール需給に大きな影響を与えてきたが,MTBEは今後数年以内に完全に米国の市場から淘汰されるものと考えられる。

さらに,連邦政府の再生可能燃料基準とは別にミネソタ州,モンタナ州,ハワイ州,ミズーリ州およびワシントン州の各州政府が独自に設けたバイオエタノール最低使用基準は今後,さらに拡大し,今後の米国におけるバイオエタノール需給に,大きな影響を与えることが考えられる。2006/07年度では,とうもろこし需要量の22.9%がバイオエタノール需要量に仕向けられており(USDA-FAS 2007b),今後,この仕向け割合は増加していくことが米国農務省により予測されている (USDA 2007c)。このバイオエタノール需要量の増加の動きは,米国におけるとうもろこし需給にも影響を与えるとともに,世界最大のとうもろこし輸出国である米国の輸出量の変動を通じて,国際とうもろこし需給にも影響を与えることが考えられる。

(2) 中国

中国では,1990年代以降の高い経済成長を背景とした自動車およびガソリン需要量の増大に伴う石油の輸入依存度の軽減および都市の環境汚染を抑制することを目的に,2001年からとうもろこしを主原料としたバイオエタノールを生産し,ガソリンにバイオエタノール10%を混合させた混合ガソリン(E10)を普及させる計画を推進している。具体的には2002年3月に中国政府により決定された「自動車用エタノール燃料使用テストプラン」に基づき2002年6月より黒龍江省,河南省の5都市でE10を使用するテストが開始,2004年10月より5省(黒龍江省,吉林省,遼寧省,河南省および安徽省)で省全体の取り組みとしてE10が推進され,さらには2005年末までには4省(湖北省,河北省,山東省および江蘇省)の27都市でも実施されている。今後は全国的な普及に向けて計画の拡大が予想される。

第5章　米国および中国におけるバイオエタノール政策の影響分析

　急速に成長する自動車とエネルギーの巨大消費市場である中国では，エネルギー安全保障および環境対策の観点から，今後もバイオエタノールの生産および計画推進地域の拡大を行っていくことが考えられる。原料作物としては米国の先進技術の導入を背景にとうもろこしが最も製造歩留まりが高く，他の農産物に比べて国内生産量が多く，他の澱粉質食糧に比べ相対的に主食としての位置付けが低い点から中国政府はとうもろこしを主原料としたバイオエタノール生産を推進していくことが考えられる[5]。さらに今後も，国際原油価格が高値で推移している状況下では，石油代替エネルギーとしてのバイオエタノール政策を導入する経済的インセンティブは十分にある。

　この中国におけるとうもろこしを主原料としたバイオエタノール政策については，今後は全国的な普及に向けて計画の拡大が考えられる。このバイオエタノール政策の拡大は原料である国内とうもろこし需給に大きな影響を与えるのみならず，世界とうもろこし需給にも影響を与える可能性がある。

## 第3節　世界とうもろこし需給予測モデル

### (1) モデルの概要

　米国および中国のバイオエタノール政策の拡大が国内とうもろこし需給のみならず，世界とうもろこし需給に与える影響を計量的に計測することを目的として，筆者は「世界とうもろこし需給予測モデル」を開発した。この計量経済モデルは，部分均衡需給予測モデルであり，世界主要11ヶ国・地域（米国，中国，日本，韓国，ブラジル，アルゼンチン，南アフリカ，メキシコ，カナダ，EU25およびその他世界）におけるとうもろこし需給について2003/04年度〜2005/06年度の3ヶ年平均である2004/05年度をベース年として2015/16年度までの生産量，需要量，輸入量，期末在庫量および価格について予測を行っている。その他世界を除く，世界主要10ヶ国・地域は2004/05年度における世界とうもろこし輸出量の94.4%，生産量の82.5%，需要量の77.6%，期末在庫量の88.4%を占めている（USDA-FAS　2007b）。こ

のモデルでは米国のバイオエタノール需要量は内生変数として，中国のバイオエタノール需要量は外生変数として与えられている[6]。需給データは米国農務省海外農業局Price Supply & Distribution Views（USDA-FAS 2006b）を使用している。

## (2) モデルの構造と推計方法

各国・地域のとうもろこし市場は，生産量，1人当たり需要量，輸入量，輸出量および期末在庫量の方程式から求める仕組みになっている（図5-1）。このモデルは政策シミュレーションモデルであり，各方程式はOLSで推計し，パラメータの値が妥当と判断されるものを選択した。また，本モデルにおいて，t値や決定係数の水準は決して高くないものの，モデルの構造をよりわかり易くするために附属3を示した。今回の推計では特に中国を中心に信頼出来るマーケットデータが限られていることから，各パラメータ推計に際してのサンプル数が限られていることは認識している。さらに，各パラメータ

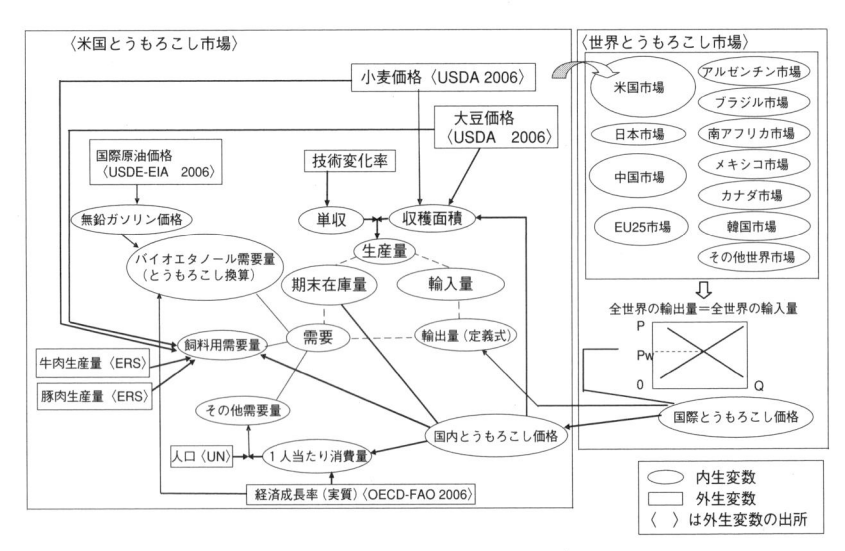

**図5-1 世界とうもろこし需給予測モデルの概念図**

第5章 米国および中国におけるバイオエタノール政策の影響分析

推計に当たり，定数項は推計したが，本モデルには使用しなかったものの，その替わりにカリブレーションの値を用いている。定数項に比べカリブレーション値[7]を入れることにより，モデルの予測精度が向上すると考えた結果，定数項の替わりにカリブレーション値を採用した。

収穫面積および単収の方程式はとうもろこし生産量を決定する。収穫面積の方程式は以下のようにラグ付きの国内とうもろこし価格と各競合品目の価格の関数として決定される[8]。

$$\log AB_{r,t} = (1+a1)*\log AB_{r,t-1} + a2*\log(PC_{r,t-1}/PC_{r,t-2}) + a3*\log(PSW_{r,t-1}/PSW_{r,t-2}) + a4*\log(PSS_{r,t-1}/PSS_{r,t-2}) + a5*\log(PSR_{r,t-1}/PSR_{r,t-2})$$

ただし，ABは収穫面積，a1-a5はパラメータ，PCは国内とうもろこし価格，PSWは国内小麦生産者価格，PSSは国内大豆生産者価格，PSRは国内米生産者価格，rは国又は地域およびtは期間を表す。単収については以下のように技術変化率で決定される。

$$YH_{r,t} = YH_{r,t-1}*(1+a6)$$

ただし，YHはとうもろこし単収，a6は技術変化率である。とうもろこし生産量は以下のとおりである。

$$QP_{r,t} = AB_{r,t}*YH_{r,t}$$

ただし，QPはとうもろこし生産量である。米国におけるバイオエタノール向けとうもろこし需要量は国内無鉛ガソリン価格および所得の関数として決定される。

$$\log QE_{u,t} = (1+a7)*\log QE_{u,t-1} + a8*\log(PG_{u,t}/PG_{u,t-1}) + a9*\log(VV_{u,t}/VV_{u,t-1})$$

ただし，QEはバイオエタノール向けとうもろこし需要量，PGは国内無鉛ガソリン価格，VVは所得およびuは米国である。米国における各州の追加バイオエタノール向けとうもろこし需要量および中国における省別のバイオエタノール向けとうもろこし需要量は以下のように決定される。

$$QE_{as,t} = (\Sigma(QG_{s,t}/(1-BLEND))*BLEND)*EXTRA$$

ただし，QGはガソリン需要量，asは州または省の合計，sは州または省，

BLENDはガソリンに対する混合比率，そしてEXTRAはバイオエタノールからとうもろこしへの換算率である。なお，米国では2.523であり，中国では3.07である。

飼料用とうもろこしの需要量は国内とうもろこし価格，牛肉生産量，豚肉生産量，鶏肉生産量および乳製品生産量の関数として決定される。

$$\log QL_{r,t} = (1+a10)*\log QL_{r,t-1} + a11*\log(PC_{r,t}/PC_{r,t-1}) + a12*\log(ALB_{r,t}/ALB_{r,t-1}) + a13*\log(ALP_{r,t}/ALP_{r,t-1}) + a14*\log(ALPO_{r,t}/ALPO_{r,t-1}) + a15*\log(ALD_{r,t}/ALD_{r,t-1})$$

ただし，QLは飼料用とうもろこし需要量，a10-a15はパラメータ，ALBは牛肉生産量，ALPは豚肉生産量，ALPOは鶏肉生産量，ALDは乳製品生産量である。1人当たりの食用およびその他需要量は国内とうもろこし価格および1人当たり所得の関数として決定される。

$$\log QOP_{r,t} = (1+a16)*\log QOP_{r,t-1} + a17*\log(PD_{r,t}/PD_{r,t-1}) + a18*\log(VVP_{r,t}/VVP_{r,t-1})$$

ただし，QOPは1人当たりの食用およびその他需要量，a16-a18はパラメータ，VVPは1人当たり所得である。食用およびその他需要量はこの1人当たりの食用およびその他需要量に該当国および地域の人口を乗じたものである。

$$QO_{r,t} = QOP_{r,t}*NN_{r,t}$$

ただし，QOは食用およびその他需要量であり，NNは人口である。総需要量はバイオエタノール需要量，飼料用需要量および食用およびその他需要量の合計である。

$$QC_{r,t} = QE_{r,t} + QL_{r,t} + QO_{r,t}$$

ただし，QCはとうもろこし総需要量である。とうもろこし純輸入国の輸出量は国際とうもろこし価格の関数で決定される。

$$\log EX_{r,t} = (1+a19)*\log EX_{r,t-1} + a20*\log(WP_{r,t}/WP_{r,t-1})$$

ただし，EXはとうもろこし輸出量，a19-a20はパラメータ，WPは国際とうもろこし価格である。とうもろこし純輸出国の輸出量は以下のとおり定義

式によって決定される。

$EX_{r,t} = IM_{r,t} + QP_{r,t} - QC_{r,t} - (ST_{r,t} - ST_{r,t-1})$

ただし，IMはとうもろこし輸入量，STはとうもろこし期末在庫量である。とうもろこし純輸出国における輸入量は，輸入価格の関数として決定される。

$\log IM_{r,t} = (1 + a21)*\log IM_{r,t-1} + a22*\log(MP_{r,t}/MP_{r,t-1})$

ただし，MPはとうもろこし輸入価格，a21-a22はパラメータである。とうもろこし純輸入国における輸入量は以下のとおり定義式によって決定される。

$IM_{r,t} = EX_{r,t} + QC_{r,t} - QP_{r,t} + ST_{r,t} - ST_{r,t-1}$

とうもろこし純輸出国における期末在庫量は生産量と国内とうもろこし価格の関数として決定される。

$\log ST_{r,t} = (1 + a23)*\log ST_{r,t-1} + a24*\log(QP_{r,t}/QP_{r,t-1}) + a25*\log(PC_{r,t}/PC_{r,t-1})$

ただし，a23-a25はパラメータである。とうもろこし純輸入国における期末在庫量は需要量と国内とうもろこし価格の関数として決定される。

$\log ST_{r,t} = (1 + a26)*\log ST_{r,t-1} + a27*\log(QC_{r,t}/QC_{r,t-1}) + a28*\log(PC_{r,t}/PC_{r,t-1})$

ただし，a26-28はパラメータである。

### (3) 国際需給均衡と価格伝達性

各予測年において，当モデルは全輸出量と全輸入量とを決定し，全輸出量が全輸入量と等しくなるよう需給均衡価格（国際とうもろこし価格）がガウスザイデル法により求められる。国内とうもろこし生産者価格およびとうもろこし輸入価格は価格伝達係数を通じて国際とうもろこし価格にリンクしている。

$\log PC_{r,t} = a29*\log(WP_{r,t}/WP_{r,t-1})$

$MP_{r,t} = (WP_t)*(1 + TS_{r,t})$

ただし，a29は価格伝達係数，TSはとうもろこしに係る従価税率，rは各国・地域，tは期間を表す。また，米国における国内無鉛ガソリン国内価格は国際原油価格の関数として決定される。

$$\log PG_{r,t} = a30 * \log(WPC_t / WPC_{t-1})$$

ただし，a30は価格伝達係数，WPCは国際原油価格を表す。米国の国内無鉛ガソリン価格および国際原油価格は米国エネルギー省"Annual Energy Review"（USDE-EIA 2006b）を用いた。

# 第4節　世界とうもろこし需給予測
## （ベースライン予測）

### （1）前提条件

ベースライン予測では，外生的な国際原油価格は2004年から2015年にかけて年率1.5％の上昇を予測している米国エネルギー省のAnnual Energy Outlook 2006（USDE-EIA 2006a）におけるReference case（中位価格）を使用した。外生的な小麦，大豆，米の国内生産者価格予測値および牛肉，豚肉，鶏肉および乳製品生産量の予測値は米国市場については米国農務省（2006c），その他の市場についてはOECD-FAO（2006）を利用した。全ての国・地域における人口のデータは国連人口予測（United Nations 2005）のうち中位推計を利用した。GDPの伸び率についてはOECD-FAOによる経済予測値（OECD-FAO 2006）を利用した。以上のように，ベースライン予測では現行の農業政策が全ての国・地域において継続することを前提としている。この他に，平年並みの天候やこれまでの技術変化率が予測期間中も継続することを見込んでいる。また，新たなWTO農業交渉の進捗はベースライン予測では見込んでおらず，マーケットアクセス条件は2005年時点から進捗しないことを前提とする。また，地域的なFTAおよびEPAの更なる拡大も見込んでいない。

米国のバイオエタノール政策については，予測期間中，再生可能燃料基準が着実に実行されるとともにMTBEは米国の市場から淘汰されることを前提とする。また，州独自のバイオエタノール最低使用基準については，2005年度からミネソタ州およびモンタナ州でE5（バイオエタノールを5％混合

第5章　米国および中国におけるバイオエタノール政策の影響分析

させた混合ガソリン），2006年度からハワイ州でE10（バイオエタノールを10％混合させた混合ガソリン），テネシー州でもE5，ミズーリ州で2008年度からE10，ワシントン州ではE2（バイオエタノールを2％混合させた混合ガソリン），2013年度からはミネソタ州でE20（バイオエタノールを20％混合させた混合ガソリン）が導入されることを前提とする。さらに，バイオエタノール生産に関する連邦政府および州政府による優遇税制および補助金は予測期間中も継続することを前提とする。

　今後の中国では原油輸入率の増大および国際原油価格高騰に伴うエネルギー安全保障問題の深刻化，環境問題が深刻化し，政府はこれらの問題への対応が求められることから今後も代替燃料計画が拡大することが予想される。環境負荷の少ない代替燃料[9]の中でバイオディーゼル，バイオエタノール，メタノール，燃料電池と比べると現在のところバイオエタノールが最も実用化に向けた技術力が高い状況にある。また，バイオエタノール原料のうち，とうもろこしは最も精製歩留まりが高く[5]，技術開発を独自に行わなくても既存の技術を米国から移転することが可能である。さらに，中国における穀物生産量と製造コストの関係では，とうもろこしが最も生産量が多く，製造コストが低いため，他の穀物に比べてとうもろこしを原料とすることに優位性がある[5]。また，小麦や米といった澱粉質食糧に比べ相対的に主食としての位置付けが低い点[10]から中国ではとうもろこしを主原料としたバイオエタノール生産を推進している。

　このため，中国では5省（黒龍江省，吉林省，遼寧省，河南省および安徽省）全地域および4省（湖北省，河北省，山東省および江蘇省）における27都市においてE10計画（バイオエタノール10％をガソリンに混合）を推進していくことを前提とする。

### (2) 2015/16年度における世界とうもろこし需給（ベースライン予測）

　ベースライン予測シナリオでは，米国において各州のガソリン需要量は，USDE-EIA（USDE-EIA　2005）のデータを用いた。予測値については，

*151*

表5-1 米国におけるバイオエタノール最低使用基準導入によるバイオエタノール需要量の推移(ベースライン予測)

| | 単位 | 2005/06年度 | 2006/07 | 2007/08 | 2008/09 |
|---|---|---|---|---|---|
| エタノール最低使用量(とうもろこし換算):(1)*2.523 | 1,000トン | 503 | 967 | 976 | 985 |
| エタノール最低使用量:(1)=(2)+(3)+(4) | 1,000キロリットル | 199 | 383 | 387 | 390 |
| モンタナ州エタノール最低使用量(2) | 1,000キロリットル | 199 | 200 | 202 | 203 |
| ハワイ州エタノール最低使用量(3) | 1,000キロリットル | — | 183 | 185 | 188 |
| ミズーリ州エタノール最低使用量(4) | 1,000キロリットル | — | — | — | 1,122 |

(資料)USDE-EIA(2005)およびUSDE-EIA(2006a)を基に筆者推計。
(注)ミネソタ州、ワシントン州については各最低使用基準を上回る需要量が予測されるため追加的バイオエタノールには含まず。

　USDE-EIA(USDE-EIA　2006a)のTransportation motor gasolineの2015年までの予測値の伸び率を各州のガソリン需要量に適用し、各州のガソリン需要量を予測した。各州の追加バイオエタノール需要量は各州のガソリン予測値から各混合率(10%)のバイオエタノール必要値を産出した値である[11]。

　この結果、各州におけるバイオエタノール最低使用基準導入によるバイオエタノール需要量は、2005/06年度の199千キロリットル(とうもろこし換算:503千トン)から2015/16年度には419千キロリットル(とうもろこし換算:1,057千トン)にまで増加することが予測される(表5-1)。

　中国では「自動車用エタノール燃料使用テストプラン」(2002年3月決定)に基づき、2004年10月から黒龍江省、吉林省、遼寧省全域でE10が推進されている。また、2004年10月から河南省、安徽省全域でもE10が推進されている。また、2006年から河北省、山東省、江蘇省、湖北省の一部都市でE10が推進されているが、これらの省の需要量については小麦を原料としてバイオエタノールを生産する河南省、安徽省が供給することが「自動車用バイオエタノール燃料使用テストプラン」で規定されている。ここで各省の2002年までのガソリン需要量(中華人民共和国国家統計局工業統計司編　2004)をベースに米国エネルギー省の予測(USDE-EIA　2006c)による2015年までの中国ガソリン需要量予測の伸び率を用いて各省の2015年までのガソリン需要

第5章　米国および中国におけるバイオエタノール政策の影響分析

| 2009/10 | 2010/11 | 2011/12 | 2012/13 | 2013/14 | 2014/15 | 2015/16 |
|---|---|---|---|---|---|---|
| 994 | 1,003 | 1,014 | 1,025 | 1,036 | 1,047 | 1,057 |
| 394 | 398 | 402 | 406 | 411 | 415 | 419 |
| 204 | 205 | 207 | 209 | 210 | 212 | 214 |
| 190 | 193 | 195 | 198 | 200 | 203 | 205 |
| 1,109 | 1,096 | 1,094 | 1,093 | 1,091 | 1,089 | 1,088 |

量からE10のバイオエタノール向けとうもろこし需要量を推計した[12]。この結果，バイオエタノール向けとうもろこし需要量は2004/05年度の2,345千トンから2015/16年度の3,881千トンに拡大し，年率4.3％の増加となることが予測される（**表5-2**）。また，2004/05年度のとうもろこし需要量に占めるバイオエタノール用需要量は1％程度であるが今後，その比率の増加が考えられる。

　ベースラインの予測結果では，米国におけるバイオエタノール向けとうもろこし需要量は2004/05年度から2015/16年度にかけて年平均8.3％増加することが予測される[13]。なお，2012/13年度の73,090千トンは76.5億ガロンに相当し，2005年の「エネルギー政策法」によるバイオエタノールを主とする再生可能燃料の使用量を75億ガロンにまで拡大する目標についてはバイオエタノールのみで達成することが予測される。また，2015/16年度のバイオエタノール需要量は88,624千トン（92.8億ガロン）に達する。

　世界とうもろこし需要量および生産量は2004/05年度から2015/16年度にかけて年平均2.1％増加する。世界とうもろこし輸出量および輸入量は予測期間中年平均1.5％増加する。国際とうもろこし価格は2004/05年度の2.3ドル/ブッシェルから2015/16年度の3.5ドル/ブッシェルに上昇する。

　米国のバイオエタノール需要量は増大するものの，飼料用とうもろこし需

*153*

**表5-2　中国におけるバイオエタノール向けとうもろこし需要量予測
　　　　（ベースライン予測）**

|  | 2004/05年度 | 2005/06 | 2006/07 | 2007/08 | 2008/09 |
|---|---|---|---|---|---|
| とうもろこし換算：(1)＊3.07 | 2,345.3 | 2,517.1 | 2,689.0 | 2,860.8 | 3,032.6 |
| エタノール需要量：(1)=(2)+(3)+(4) | 763.9 | 819.9 | 875.9 | 931.9 | 987.8 |
| 吉林省（2） | 125.2 | 134.4 | 143.6 | 152.8 | 161.9 |
| 黒龍江省（3） | 333.9 | 358.3 | 382.8 | 407.2 | 431.7 |
| 遼寧省（4） | 304.8 | 327.2 | 349.5 | 371.9 | 394.2 |

（資料）中華人民共和国国家統計局工業統計司編（2004），USDE-EIA（2006c）より筆者推計。

要量は同期間中年平均0.4％減少し，米国におけるとうもろこし需要量は予測期間中，年平均1.7％増加する。生産量は予測期間中，年平均1.3％増加し，収穫面積は同1.0％増加，単収は同0.3％増加する。米国は予測期間中も世界最大のとうもろこし輸出国であるが，世界のとうもろこし輸出量に占める米国の割合は2004/05年度の83.7％から2015/16年度の63.7％へと縮小する。これは南米のブラジルおよびアルゼンチンの輸出量が拡大することに起因する。

　中国におけるとうもろこし需要量は予測期間中，年平均2.2％と着実に増加することが予測される。また，中国はこれまで基本的にはとうもろこしの純輸出国であったが，旺盛な畜産需要を背景とする飼料用需要量の増加から2006/07年度以降は純輸入国に転換し，2015/16年度の輸入量は8,281千トンにまで拡大する。中国はこれまでのとうもろこし純輸出国から，日本，韓国に次ぐとうもろこし純輸入国になる。

　2004/05年度から2015/16年度にかけてアルゼンチンにおけるとうもろこし生産量は年平均3.3％の増加，輸出量は同3.2％増加する。同期間中，ブラジルにおけるとうもろこし生産量は年平均3.2％の増加，輸出量は同5.8％増加する。2015/16年度のアルゼンチンおよびブラジルの世界全体に占めるとうもろこし輸出量の割合は26.1％となることが予測される。

　日本におけるとうもろこし需要量および輸入量は2004/05年度から2015/16

第 5 章　米国および中国におけるバイオエタノール政策の影響分析

(単位：千トン)

| 2009/10 | 2010/11 | 2011/12 | 2012/13 | 2013/14 | 2014/15 | 2015/16 |
|---|---|---|---|---|---|---|
| 3,204.5 | 3,376.6 | 3,478.1 | 3,579.0 | 3,679.9 | 3,780.8 | 3,881.2 |
| 1,043.8 | 1,099.9 | 1,132.9 | 1,165.8 | 1,198.7 | 1,231.5 | 1,264.2 |
| 171.1 | 180.3 | 185.7 | 191.1 | 196.5 | 201.9 | 207.2 |
| 456.2 | 480.7 | 495.1 | 509.5 | 523.8 | 538.2 | 552.5 |
| 416.5 | 438.9 | 452.1 | 465.2 | 478.3 | 491.4 | 504.5 |

年度にかけて年平均0.5％と小幅な増加にとどまる。

## 第 5 節　米国・中国におけるバイオエタノール政策の拡大が国際とうもろこし需給に与える影響

### (1) シナリオの設定

#### 1) シナリオ 1

　最近では，国際原油価格の高騰に伴うガソリン価格の高騰，環境問題への対応，大気環境の改善，農村地域経済の活性化をインセンティブとして，連邦政府による再生可能燃料基準とは別にミネソタ州，モンタナ州，ハワイ州，ミズーリ州，ワシントン州の各州政府が州独自にバイオエタノール最低使用基準を導入している。また，アイダホ，コロラド，カリフォルニア，アイオワ，イリノイ，オハイオ，ルイジアナおよびテネシーの 8 州において，バイオエタノールの最低使用基準を定める法案が州議会に提出されている。このバイオエタノールの最低使用基準設置州は今後，さらに拡大していく傾向にある。

　本章では，これら 8 州においてバイオエタノール最低使用基準が各州で決定される場合をシナリオ 1 として設定する。具体的には，テネシー州が2007年度からE5のバイオエタノール最低使用基準を導入，イリノイ州が2008年

*155*

**表5-3 米国における追加バイオエタノール需要量予測（シナリオ1）**

|  |  | 2007/08年度 | 2008/09 | 2009/10 |
|---|---|---|---|---|
| 追加バイオエタノール需要量（とうもろこし換算）:(1)*2.523 | 1,000トン | 1,558 | 1,579 | 1,599 |
| 追加バイオエタノール需要量:(1)=(2)+(3)+(4)+(5)+(6)+(7) | 1,000キロリットル | 618 | 626 | 634 |
| テネシー州バイオエタノール最低使用量(2) | 1,000キロリットル | 618 | 626 | 634 |
| アイダホ州バイオエタノール最低使用量(3) | 1,000キロリットル | ― | ― | ― |
| コロラド州バイオエタノール最低使用量(4) | 1,000キロリットル | ― | ― | ― |
| ルイジアナ州バイオエタノール最低使用量(5) | 1,000キロリットル | ― | ― | ― |
| カリフォルニア州バイオエタノール最低使用量(6) | 1,000キロリットル | ― | ― | ― |
| アイオワ州バイオエタノール最低使用量(7) | 1,000キロリットル | ― | ― | ― |

（資料）USDE-EIA（2005）およびUSDE-EIA（2006a）を基に筆者推計。
（注）イリノイ州，オハイオ州についてはE10需要量を上回る需要量が予測されるため追加的バイオエタノールには含まず。

度からE10のバイオエタノール最低使用基準を導入，アイダホ州が2010年度からE10のバイオエタノール最低使用基準を導入，コロラド州が2010年度からE10のバイオエタノール最低使用基準を導入，オハイオ州が2010年度からE10のバイオエタノール最低使用基準を導入，カリフォルニア州が2010年度からE10のバイオエタノール最低使用基準を導入，ルイジアナ州が2010年度からE2のバイオエタノール最低使用基準を導入，アイオワ州が2015年度からE25のバイオエタノール最低使用基準を導入することを想定する。

この結果として，米国における追加的バイオエタノール需要量は2007/08年度の618千キロリットル（とうもろこし換算1,558千トン）から2015/16年度には8,719千キロリットル（とうもろこし換算21,995千トン）に増大することが予測される（表5-3）。

## 2）シナリオ2

中国におけるバイオエタノール政策は，エネルギーおよび環境問題への取

第5章　米国および中国におけるバイオエタノール政策の影響分析

| 2010/11 | 2011/12 | 2012/13 | 2013/14 | 2014/15 | 2015/16 |
|---|---|---|---|---|---|
| 19,635 | 19,774 | 19,904 | 20,026 | 20,139 | 21,995 |
| 7,783 | 7,838 | 7,890 | 7,938 | 7,983 | 8,719 |
| 642 | 651 | 659 | 668 | 676 | 685 |
| 292 | 296 | 300 | 303 | 307 | 311 |
| 311 | 291 | 269 | 245 | 219 | 192 |
| 190 | 192 | 195 | 197 | 200 | 202 |
| 6,349 | 6,409 | 6,468 | 6,525 | 6,581 | 6,634 |
| − | − | − | − | − | 695 |

り組み強化の必要性から今後，さらに拡大されるケースを想定する。一部の都市でE10が実施されている山東省，江蘇省，河北省，湖北省の全地域でE10が2007年から推進されるシナリオ，つまり，中国では既に実施している5省に加えて，9省の全地域でE10を実施するシナリオを想定する。小麦由来のバイオエタノール生産の拡大は前述のとおり製造コスト，製造能力拡大の点からとうもろこし由来の製造に比べて劣る。また，バイオエタノールを供給する上で支障となるのが輸送の問題である。特に，南北のインフラ整備が遅れている中国において今後の製造能力の拡大が予想される東北部の黒龍江省および吉林省から南部の湖北省にバイオエタノールを輸送するのは現実的ではない。このため，最も現実的なのはとうもろこしの主産地であり，インフラが他の省に比べて，比較的整備されている遼寧省および山東省がバイオエタノールを生産し，近隣の省へ供給するケースである。

また，河南省および安徽省の省内需要は小麦を原料として省内で生産出来るが，テストプランで決定された39万トンまでは近隣省への供給が可能と思われる。しかしながら，これを超える部分についてはとうもろこしからバイ

表5-4 中国におけるバイオエタノール向けとうもろこし需要量予測（シナリオ2）

|  | 2007/08年度 | 2008/09 | 2009/10 | 2010/11 |
|---|---|---|---|---|
| とうもろこし換算：(1)＊3.07 | 6,188.2 | 6,631.8 | 7,075.4 | 7,519.9 |
| エタノール需要量：(1)=(2)+(3) | 2,015.7 | 2,160.2 | 2,304.7 | 2,449.5 |
| ベースライン・エタノール需要量 (2) | 931.9 | 987.8 | 1,043.8 | 1,099.9 |
| とうもろこし由来の追加エタノール需要量: (3)=(5)-(4) | 1,083.8 | 1,172.4 | 1,260.9 | 1,349.6 |
| 小麦由来のエタノール需要量 (4) | 390.0 | 390.0 | 390.0 | 390.0 |
| 4省合計: (5)=(6)+(7)+(8)+(9) | 1,473.8 | 1,562.4 | 1,650.9 | 1,739.6 |
| 河北省(6) | 366.6 | 388.6 | 410.7 | 432.7 |
| 山東省(7) | 278.5 | 295.3 | 312.0 | 328.7 |
| 湖北省(8) | 366.6 | 388.6 | 410.7 | 432.7 |
| 江蘇省(9) | 462.1 | 489.8 | 517.6 | 545.4 |

（資料）中華人民共和国国家統計局工業統計司編（2004），USDE-EIA（2006c）より筆者推計。

オエタノールを生産する遼寧省および山東省が供給することが考えられる。

　以上の前提で，現状計画推進シナリオと同様に各省の2002年までのガソリン需要量（中華人民共和国国家統計局工業統計司編　2004）をベースに米国エネルギー省の予測（USDE-EIA　2006c）による2020年までの中国ガソリン需要量予測の伸び率を用いて各省の2015/16年度までのガソリン需要量各省のガソリン需要量を推計した結果，バイオエタノール向けとうもろこし需要量は2007/08年度の6,188千トンから2015/16年度の8,822千トンに拡大し，2007/08年度から2015/16年度にかけて年率4.0%の増加が予測される（表5-4）。このように現状計画推進シナリオに比べて9省完全実施シナリオでは2015年時点で2.3倍に増大することが予測される。

3）シナリオ3

　つぎに，シナリオ1における米国におけるバイオエタノール最低使用基準

(単位：千トン)

| 2011/12 | 2012/13 | 2013/14 | 2014/15 | 2015/16 |
|---|---|---|---|---|
| 7,781.8 | 8,042.3 | 8,302.8 | 8,563.3 | 8,822.4 |
| 2,534.8 | 2,619.6 | 2,704.5 | 2,789.3 | 2,873.8 |
| 1,132.9 | 1,165.8 | 1,198.7 | 1,231.5 | 1,264.2 |
| 1,401.9 | 1,453.8 | 1,505.8 | 1,557.8 | 1,609.5 |
| 390.0 | 390.0 | 390.0 | 390.0 | 390.0 |
| 1,791.9 | 1,843.8 | 1,895.8 | 1,947.8 | 1,999.5 |
| 445.7 | 458.7 | 471.6 | 484.5 | 497.4 |
| 338.6 | 348.4 | 358.2 | 368.1 | 377.8 |
| 445.7 | 458.7 | 471.6 | 484.5 | 497.4 |
| 561.8 | 578.1 | 594.4 | 610.7 | 626.9 |

導入州の増加およびシナリオ2における中国におけるバイオエタノール政策の拡大が両国で同時に行われる場合をシナリオ3として設定する。

## (2) 国際とうもろこし需給への影響

### 1) シナリオ1

　米国において，2007年～2015年にかけてのバイオエタノール最低使用基準導入州の増加により，米国のとうもろこし需要量はベースライン予測に対して，2015/16年度では7.1％増加する（表5-5）。また，米国のとうもろこし需要量に対するバイオエタノール需要量の割合は38.4％とベースライン予測に比べて5.5ポイント増加する。米国の生産量および収穫面積は2015/16年度時点では1.2％増加する（表5-6）ものの，需要の伸びを大幅に下回ることから，世界最大の米国のとうもろこし輸出余力は縮小し，輸出量は同時点で26.1％減少する（表5-7）。米国は世界最大のとうもろこし輸出国ではあるものの，

2015/16年度における世界に占める割合は54.2%とベースライン予測に対して9.5ポイント減少する。

世界とうもろこし輸出量は2015/16年度では米国の輸出量の減少をうけて13.2%減少するものの，その他の主要とうもろこし輸出量は上昇した国際とうもろこし価格がインセンティブとなり，2015/16年度におけるブラジルの輸出量は34.6%の増加，アルゼンチンの輸出量は6.0%の増加となる。米国のとうもろこし輸出量は減少する一方，南米産とうもろこし輸出量は増大することとなり，2015/16年度における世界に占めるブラジルおよびアルゼンチンの輸出割合は33.7%とベースライン予測に対して7.6ポイント増加する。

中国の輸入量は12.8%の減少，日本の輸入量は0.6%の減少，韓国の輸入量は1.7%の減少となり，世界のとうもろこし輸入量は2015/16年度において13.2%の減少となる（表5-8）。

なお，日本における飼料用需要量を決定する国内価格は配合飼料工場売渡価格（全畜種加重平均）である。日本では配合飼料価格の上昇が畜産経営に及ぼす影響を緩和するため，民間の自主的な積み立てによる通常補填制度と，通常補填では対応し得ない異常な価格高騰に対応するために国の支援による異常補填制度を措置している（農林水産省生産局畜産部畜産振興課，消費・安全局衛生管理課薬事・飼料安全室　2005）。このような配合飼料価格安定制度による価格補填制度が機能するため，日本の飼料用とうもろこし需要量は国際とうもろこし価格の上昇に対し，他の国・地域に比べてより影響を緩和出来る構造になっている。

結果として，シナリオ1による国際とうもろこし価格は2015/16年度においてベースライン予測に対し，7.9%の上昇となる予測結果となった（表5-9）。

2）シナリオ2

2007/08年度からの中国9省におけるE10計画の推進により，中国のとうもろこし需要量は2015/16年度においてベースライン予測に対し，2.8%増加することが予測される（表5-10）。また，需要量の増大に伴い輸入量は

第5章 米国および中国におけるバイオエタノール政策の影響分析

56.7%増加する（表5-13）。

　主要とうもろこし輸出国における輸出量は上昇した国際とうもろこし価格がインセンティブとなり，2015/16年度における世界のとうもろこし生産量はベースライン予測に対し，0.3%増加（表5-11），輸出量は2.6%増加する（表5-12）。国際とうもろこし価格上昇はとうもろこし輸出国に利益を与える。最もとうもろこしの輸出量が増大する国は米国であり，2.8%増加する。米国は2015/16年度においても世界最大のとうもろこし生産国・輸出国である。国際とうもろこし価格の上昇は，米国中西部における「コーンベルト」地帯において，1期のタイムラグを経て，大豆生産からとうもろこし生産にシフトしていくことが予測される。米国の輸出量は，2015/16年度時点で1,591千トン増加することが予測される。

　ブラジルの輸出量はベースライン予測に対して8.0%の増加，アルゼンチンの輸出量は1.4%増加する。特に，ブラジルは，未だに「フロンティア」が存在しており，北部や中部に広大な耕作可能な農地を有している。また，最近では，中国とブラジルの貿易関係が密接になってきており，中国はブラジルの農産物輸出港湾施設や主要生産地から港湾までのインフラ整備に対しての投資を活発化させている。今後，中国とブラジルにおける農産物を中心とした貿易関係はますます緊密化していくことが考えられる。

　中国のとうもろこし輸入量は増大が予測される一方，日本や韓国といったとうもろこし純輸入国における2015/16年度のとうもろこし輸入量はベースライン予測に対して，それぞれ0.1%，0.4%減少する（表5-13）。日本と韓国におけるとうもろこし輸入量は，2015/16年度において日本は22千トン，韓国は41千トン減少する。日本と韓国における輸入量への影響は中国と比べて弱いものといえる。全体として，世界のとうもろこし輸入量は，2.6%の増加となる。

　以上の結果として，シナリオ2による国際とうもろこし価格は2015/16年度においてベースライン予測に対し，1.7%上昇することが予測される（表5-14）。

*161*

表5-5 とうもろこし需要量への影響
（シナリオ１）

|  | シナリオ/ベースライン |
|---|---|
| 世界 | 1.3% |
| 米国 | 7.1% |
| 中国 | -0.3% |

（注）各変化率は（シナリオ（2015/16年度）/ベースライン（2015/16年度）-1）*100 を意味する。以下，表5-19まで同じ。

表5-6 とうもろこし生産量への影響
（シナリオ１）

|  | シナリオ/ベースライン |
|---|---|
| 世界 | 1.3% |
| 米国 | 1.2% |
| 中国 | 0.4% |
| アルゼンチン | 3.7% |
| ブラジル | 1.7% |
| 南アフリカ | 0.1% |

表5-7 とうもろこし輸出量への影響
（シナリオ１）

|  | シナリオ/ベースライン |
|---|---|
| 世界 | -13.2% |
| 米国 | -26.1% |
| アルゼンチン | 6.0% |
| ブラジル | 34.6% |
| 南アフリカ | 4.3% |

表5-8 とうもろこし輸入量への影響
（シナリオ１）

|  | シナリオ/ベースライン |
|---|---|
| 世界 | -13.2% |
| 米国 | -0.2% |
| 中国 | -12.8% |
| 日本 | -0.6% |
| 韓国 | -1.7% |

表5-9 とうもろこし価格への影響
（シナリオ１）

|  | シナリオ/ベースライン |
|---|---|
| 世界（Chicago No2.Yellow） | 7.9% |
| 米国 | 7.9% |
| 中国 | 2.3% |

表5-10 とうもろこし需要量への影響
（シナリオ２）

|  | シナリオ/ベースライン |
|---|---|
| 世界 | 0.3% |
| 米国 | -0.2% |
| 中国 | 2.8% |

表5-11 とうもろこし生産量への影響
（シナリオ２）

|  | シナリオ/ベースライン |
|---|---|
| 世界 | 0.3% |
| 米国 | 0.3% |
| 中国 | 0.1% |
| アルゼンチン | 0.9% |
| ブラジル | 0.4% |
| 南アフリカ | 0.03% |

表5-12 とうもろこし輸出量への影響
（シナリオ２）

|  | シナリオ/ベースライン |
|---|---|
| 世界 | 2.6% |
| 米国 | 2.8% |
| アルゼンチン | 1.4% |
| ブラジル | 8.0% |
| 南アフリカ | 0.9% |

表5-13 とうもろこし輸入量への影響
（シナリオ２）

|  | シナリオ/ベースライン |
|---|---|
| 世界 | 2.6% |
| 米国 | -0.1% |
| 中国 | 56.7% |
| 日本 | -0.1% |
| 韓国 | -0.4% |

表5-14 とうもろこし価格への影響
（シナリオ２）

|  | シナリオ/ベースライン |
|---|---|
| 世界（Chicago No2.Yellow） | 1.7% |
| 米国 | 1.7% |
| 中国 | 0.5% |

第5章 米国および中国におけるバイオエタノール政策の影響分析

表5-15 とうもろこし需要量への影響
（シナリオ3）

|  | シナリオ/ベースライン |
|---|---|
| 世界 | 1.6% |
| 米国 | 6.9% |
| 中国 | 2.6% |

表5-16 とうもろこし生産量への影響
（シナリオ3）

|  | シナリオ/ベースライン |
|---|---|
| 世界 | 1.6% |
| 米国 | 1.5% |
| 中国 | 0.5% |
| アルゼンチン | 4.6% |
| ブラジル | 2.1% |
| 南アフリカ | 0.1% |

表5-17 とうもろこし輸出量への影響
（シナリオ3）

|  | シナリオ/ベースライン |
|---|---|
| 世界 | -10.6% |
| 米国 | -23.4% |
| アルゼンチン | 7.4% |
| ブラジル | 42.7% |
| 南アフリカ | 5.2% |

表5-18 とうもろこし輸入量への影響
（シナリオ3）

|  | シナリオ/ベースライン |
|---|---|
| 世界 | -10.6% |
| 米国 | -0.2% |
| 中国 | 43.9% |
| 日本 | -0.7% |
| 韓国 | -2.1% |

表5-19 とうもろこし価格への影響
（シナリオ3）

|  | シナリオ/ベースライン |
|---|---|
| 世界（Chicago No2.Yellow） | 9.8% |
| 米国 | 9.7% |
| 中国 | 2.9% |

3）シナリオ3

シナリオ1における米国におけるバイオエタノール最低使用基準導入州の増加およびシナリオ2における中国におけるバイオエタノール政策の拡大が両国で同時に行われる場合をシナリオ3として設定した結果，米国のとうもろこし需要量は2015/16年度ではベースライン予測に対して，6.9%増加する（表5-15）。また，米国のとうもろこし需要量に対するバイオエタノール需要量の割合は38.5%とベースラインに比べて5.6ポイント増加する。米国の生産量および収穫面積は2015/16年度時点では1.5%増加するものの（表5-16），需要量の伸びを大幅に下回ることから，世界最大の米国のとうもろこし輸出余力は縮小し，輸出量は同時点で23.4%減少する（表5-17）。米国は世界最大のとうもろこし輸出国ではあるものの，2015/16年度における世界に占める割合は54.6%とベースライン予測に比べて9.1ポイント減少する。

また，中国のとうもろこし需要量は2015/16年度においてベースライ

*163*

ン予測に対し，2.6%増加する。また，需要量の増大に伴い輸入量は43.9%増加する。世界とうもろこし輸出量は2015/16年度では米国の輸出量の減少をうけて10.6%減少するものの，その他の主要とうもろこし輸出量は上昇した国際とうもろこし価格がインセンティブとなり，2015/16年度におけるブラジルの輸出量は42.7%の増加，アルゼンチンの輸出量は7.4%増加する。米国のとうもろこし輸出量は減少する一方，南米産とうもろこし輸出量の割合が増大することとなり，2015/16年度における世界に占めるブラジル・アルゼンチンの輸出割合は33.6%とベースライン予測と比べて7.5ポイント増加となる。

中国の輸入量はベースライン予測に対し，43.9%の増加となるものの，日本の輸入量は0.7%の減少，韓国の輸入量は2.1%の減少となり，世界のとうもろこし輸入量は2015/16年度において10.6%の減少となる（表5-18）。

結果として，シナリオ3による国際とうもろこし価格は2015/16年度においてベースライン予測に対し，9.8%の上昇となる予測結果となった（表5-19）。

## 第6節　結論

米国では「2005年エネルギー政策法」による再生可能燃料基準の義務目標の設定，各州におけるバイオエタノール最低使用基準設置州の増加，ガソリン価格の上昇により今後もとうもろこしを原料とした自動車用燃料としてのバイオエタノールの需要量は増加することが考えられる。また，中国においても，原油輸入率の増大および国際原油価格高騰に伴うエネルギー安全保障問題の深刻化，環境問題の深刻化から今後も，とうもろこしを主原料としたバイオエタノール政策の拡大が考えられる。

本章では，米国と中国におけるとうもろこしを主原料とするバイオエタノール政策の拡大は両国の国内とうもろこし需給に影響するのみならず国際とうもろこし需給にも影響を与えることを仮定した。このため，本章では，新

第5章　米国および中国におけるバイオエタノール政策の影響分析

しく開発した世界主要11ヶ国・地域を対象とする「世界とうもろこし需給予測モデル」を用いて，2015/16年度まで，平年並みの天候や現行の農業・バイオエタノール政策が推進されることを前提として，とうもろこしの生産量，需要量，輸出量，輸入量，期末在庫量，価格についてのベースライン予測を行った。

このベースライン予測に対して，2007/08年度からの米国におけるバイオエタノール最低使用基準導入州の増加を前提としたシナリオ1，2007/08年度からの中国におけるバイオエタノール政策の拡大を想定したシナリオ2，シナリオ1における米国におけるバイオエタノール最低使用基準導入州の増加，シナリオ2における中国におけるバイオエタノール政策の拡大が両国で同時に行われる場合を想定したシナリオ3を設定した。

米国はいずれのシナリオでも2015/16年度においても世界最大のとうもろこし生産国・輸出国であることが予測される。シナリオ2では米国はとうもろこし輸出量を増大し，世界のとうもろこし輸出量に占める米国のシェアは拡大するものの，シナリオ1および3のケースでは，米国のシェアは縮小していくことが予測される。特に，シナリオ1では，2015/16年度における世界に占める割合は54.2％とベースライン予測に比べて9.5ポイント減少することが予測された。このことは世界最大のとうもろこし輸出国である米国国内でバイオエタノール需要量の拡大によりとうもろこし需要量の伸びが生産量の伸びを上回るため，輸出量が減少していくことに起因している。このため，米国国内におけるバイオエタノール政策の拡大に伴うバイオエタノール需要量の増加は，米国の世界とうもろこし輸出シェアの縮小を意味する。

一方，国際とうもろこし価格の上昇は他の生産国にとっては増産インセンティブとなり，いずれのシナリオでも南米のブラジルおよびアルゼンチンの生産量・輸出量が1期ラグをおいて増加し，特にブラジルの輸出量の伸びが他の輸出国よりも著しく高くなることが予測される。このため，いずれのシナリオでも世界のとうもろこし輸出量に占めるブラジルおよびアルゼンチンのシェアは拡大し，特にシナリオ3では2015/16年度における世界に占める

*165*

ブラジルおよびアルゼンチンの輸出割合は33.6％とベースライン予測と比べて7.5ポイント増加する。このため，米国および中国におけるバイオエタノール政策の拡大は国際とうもろこし価格の上昇を通じて，世界とうもろこし輸出市場におけるブラジルおよびアルゼンチンといった南米諸国のシェア拡大に寄与していくことになる。

とうもろこし輸入量への影響ではシナリオ2のケースでは中国のとうもろこし輸入量が2015/16年度では56.7％増加することが予測される。このことは，とうもろこしの純輸出国であった中国が純輸入国となって，国際とうもろこし需給に対して影響を与えることを意味する。シナリオ2のケースは中国以外の輸入国に与える影響は小さいものの，シナリオ1およびシナリオ3の2015/16年度における世界のとうもろこし輸入量はそれぞれ13.2％，10.6％減少することが予測されている。いずれも中国の影響が大きいものの，韓国においてはシナリオ1では1.7％の減少，シナリオ3では2.1％減少する。これに対して日本への影響は全てのシナリオにおいて中国，韓国に比べて低い予測結果となった。

以上の結果から，米国・中国におけるバイオエタノール政策の拡大は，米国・中国の国内とうもろこし需給のみならず国際とうもろこし需給・国際とうもろこし価格にもかなりの影響を与えることが結論として導き出された。また，国際とうもろこし需給・価格に与える影響では，中国のバイオエタノール政策が拡大するシナリオ2よりも米国のバイオエタノール政策が拡大するシナリオ1の影響が大きく，米国および中国のバイオエタノール政策が同時に拡大するシナリオ3では国際とうもろこし価格は9.8％上昇することが予測された。

なお，この国際とうもろこし価格の9.8％上昇は過去の国際とうもろこし価格の変動幅に比べるとそれほど大きな変動ではないように思える。本章ではベースライン，各シナリオ予測ともこれらの要因を平年並みおよび現行の政策と見込んだものの，実際の国際とうもろこし価格は，天候による要因や貿易政策の急激な変更といった要因により過去に変動を繰り返してきてい

## 第5章　米国および中国におけるバイオエタノール政策の影響分析

る。このため，今後，天候による要因や貿易政策の急激な変更といった要因により国際価格が変動する場合は，ベースライン予測や各シナリオ予測の価格を基調として変動することが考えられる。また，投機資金の流入により，価格が実態価格以上に上昇するケースもこれまで多々みられたことから[14]，さらに価格変動を増幅させることが考えられる。このため，今回の分析結果である国際とうもろこし価格の9.8％上昇は，実際の国際とうもろこし価格をさらに上昇させることが考えられることから，国際とうもろこし価格の上昇にかなりの影響があるものと判断した。

また，米国および中国におけるバイオエタノール政策の拡大により，両国のとうもろこし需要量は増加することが予測された。増加するバイオエタノール向けとうもろこし需要量の増加は，価格上昇を通じて飼料用，食用，糖化用，その他工業用向け需要量を減少させることを意味する。

米国および中国にとり，バイオエタノール政策を拡大していくことはエネルギー不足を緩和し，石油時代を引き延ばすことが出来る点で「エネルギー安全保障」にとって重要であるとともに環境問題にも改善が期待出来る。また，原油輸入依存度の低下は，貿易収支の改善にも効果がある。これに加え，バイオエタノール政策の拡大は農村経済の活性化，農家の所得向上とこれに伴う農業プログラムの削減の効果も期待される。しかし，バイオエタノール政策の拡大は，原料を農産物としているため，食料とエネルギーとの競合を発生させるという問題がある。特に，バイオエタノール政策の拡大は国際とうもろこし価格の上昇を通じて食料輸入国へ影響を与えることが本章の分析結果から得られた。特に，国際とうもろこし価格の上昇は，とうもろこしを輸入に依存する開発途上国やとうもろこしを援助に依存する開発途上国にとっての「食料安全保障」[15]に影響を与えることが考えられる。このため，今後の米国・中国におけるとうもろこしを原料としたバイオエタノール政策の展開は国際食料需給にも影響を与え，食料とエネルギーとの競合を加速化し，とうもろこし輸入国への「食料安全保障」にも影響する点は極めて重要である。

注
1) 年度とは生産年度を表す。米国のとうもろこしの場合当該年の9月から翌年の8月までの期間である。
2) 農林水産省「農林水産物輸出入概況（2004年）」（農林水産省大臣官房国際部国際政策課　2005）における2004年の数量ベースのデータから算出。
3) MTBE（メチル・ターシャリー・ブチル・エーテル）はガソリンへのオクタン価向上および空気清浄効果のある含酸素燃料として使用。
4) 含酸素燃料はエンジンの不完全燃焼を抑制し，一酸化炭素の排出量を抑制するために酸素を含んだ燃料。
5) 第3章第1節参照。
6) 外生変数および内生変数については表5-21および5-22を参照されたい。
7) キャリブレーション値の計測に当たっては，予測初年度である2005/06年度の値を米国農務省海外情報局発表の最新暫定推計値に合わせるための値である。
8) このモデルが時系列的価格変化を反映することを第1目的とした政策シミュレーションモデルであることから，ラグ付きの説明変数を使用した。そのメリットとしてはトレンドが除去され，見せ掛けの回帰のおそれが少ないこと，短期の不均衡をエラー修正としてあらわすこと，長期的関係の情報が失われず長期的関係式を得られることがあげられる。
9) 天然ガス車は実現に向けた技術力は他の代替燃料に比べて最も高いものの，化石燃料を原料としていることから環境負荷の面でバイオエタノールに優位性がある。
10) かつては東北部を中心にとうもろこしは主食の一部として消費されていたものの，最近では「食の高度化・多様化」に伴いその傾向が希薄化している。
11) 予測値については，USDE-EIA（2006a）のTransportation Ethanol Consumptionの2015年までの予測値の伸び率を各州のバイオエタノール需要量に適用し，各州のバイオエタノール需要量を予測した。各州の追加バイオエタノール需要量は各州のガソリン予測値から混合率10％のバイオエタノール必要値を産出した上で，改質ガソリン用需要量やガソホール用需要量である各州のバイオエタノール需要量予測値を減じた値である。
12) 各省のガソリン需要量予測が公表・計測されていないため，USDE-EIA（2006c）のTransportation Ethanol Consumptionの2015年までの中国全体の予測値の伸び率を各省のガソリン需要量に適用し，各省のガソリン需要量を予測した。各省のバイオエタノール需要量については本章第3節（2）「モデルの構造と推計方法」を参照。
13) ベースライン予測については附属2の表5-23，表5-24，表5-25および表5-26を参照されたい。
14) 最近の事例では，2006年11月7日に国際とうもろこし価格（Corn No2

Yellow, Chicago）は3.51ドル/ブッシェルまで上昇し，1996年7月の5.48ドル/ブッシェル以来の高値を付けた。この価格上昇に投機資金が穀物相場の変調に目を付け，流入したことで相場上昇に拍車がかかった（茅野　2006）。
15)「食料安全保障」とは，FAO（世界食糧農業機関）の定義では，「全ての人々が，いかなるときも，活発で健康的な生活をおくるために，その必要とする基本食料に対し，物理的にも経済的にもアクセス出来ることを保障されていること」を指す。

附属１　パラメータ推計表　　　　　　　　　　　　表5-20　パラメータ推計値

| 弾性値 | 被説明変数 | 説明変数 | 中国 | 米国 | アルゼンチン | 日本 |
|---|---|---|---|---|---|---|
| a1 | 収穫面積 | 成長率 | 0.0100 | 0.0070 | 0.0010 | − |
| a2 | 収穫面積 | 国内とうもろこし価格 | 0.1710 | 0.1768 | 0.6273 | − |
| a3 | 収穫面積 | 国内小麦生産者価格 | −0.0914 | −0.0681 | −0.4435 | − |
| a4 | 収穫面積 | 国内大豆生産者価格 | − | −0.0410 | −0.1620 | − |
| a5 | 収穫面積 | 国産米生産者価格 | − | − | − | − |
| a6 | 単収 | 技術変化率 | 0.0350 | 0.0100 | 0.0020 | − |
| a7 | バイオエタノール向けとうもろこし需要量 | 成長率 | − | 0.0850 | − | − |
| a8 | バイオエタノール向けとうもろこし需要量 | 国内無鉛ガソリン価格 | − | 0.1454 | − | − |
| a9 | バイオエタノール向けとうもろこし需要量 | 所得 | − | 0.1202 | − | − |
| a10 | 飼料用需要量 | 成長率 | 0.0012 | −0.0050 | 0.0500 | 0.0150 |
| a11 | 飼料用需要量 | 国内とうもろこし価格 | −0.1520 | −0.2176 | −0.3655 | −0.3080 |
| a12 | 飼料用需要量 | 牛肉生産量 | 0.2997 | 0.4799 | 0.2250 | 0.1300 |
| a13 | 飼料用需要量 | 豚肉生産量 | 0.3004 | 0.2749 | − | 0.2860 |
| a14 | 飼料用需要量 | 鶏肉生産量 | − | − | − | 0.2010 |
| a15 | 飼料用需要量 | 乳製品生産量 | − | − | 0.3679 | − |
| a16 | 1人当たり需要量（その他） | 成長率 | 0.0420 | 0.0020 | 0.0100 | 0.0450 |
| a17 | 1人当たり需要量（その他） | 国内とうもろこし価格 | −0.0730 | −0.0442 | −0.0864 | −0.1043 |
| a18 | 1人当たり需要量（その他） | 1人当たり所得 | 0.0588 | 0.0079 | 0.0202 | 0.1952 |
| a19 | 輸出量 | 成長率 | −0.1000 | − | − | − |
| a20 | 輸出量 | 国際とうもろこし価格 | 0.2041 | − | − | − |
| a21 | 輸入量 | 成長率 | − | −0.0200 | −0.0100 | − |
| a22 | 輸入量 | 輸入とうもろこし価格 | − | −0.0231 | −0.7194 | − |
| a23 | 期末在庫量 | 成長率 | −0.1000 | 0.0100 | 0.0200 | − |
| a24 | 期末在庫量 | 国内とうもろこし生産量 | 0.1904 | 0.1424 | 0.7302 | − |
| a25 | 期末在庫量 | 国内とうもろこし価格 | − | −0.2780 | −0.4834 | − |
| a26 | 期末在庫量 | 成長率 | − | − | − | 0.0100 |
| a27 | 期末在庫量 | 国内とうもろこし需要量 | − | − | − | 0.8759 |
| a28 | 期末在庫量 | 国内とうもろこし価格 | − | − | − | −0.3685 |
| a29 | 国内価格伝達弾性値 | 国際とうもろこし価格 | 0.3015 | 0.5249 | 0.8262 | 0.2050 |
| TS | 輸入価格 | 従価税率 | 0.0100 | 0.0000 | 0.0800 | 0.0000 |
| a30 | 国内無鉛ガソリン価格 | 国際原油価格 | − | 0.733566 | − | − |

注「−」は当該国・地域は該当せずという意味である。

## 第5章　米国および中国におけるバイオエタノール政策の影響分析

| ブラジル | 韓国 | 南アフリカ | メキシコ | カナダ | EU25 | その他世界 |
|---|---|---|---|---|---|---|
| 0.0250 | 0.0100 | 0.0080 | -0.0050 | -0.0010 | -0.0050 | 0.0100 |
| 0.4009 | — | 0.0350 | 0.3030 | 0.1300 | 0.2003 | 0.2300 |
| -0.1019 | — | -0.0900 | — | — | -0.1869 | — |
| -0.1313 | — | — | -0.2438 | — | — | — |
| -0.1525 | — | — | — | — | — | — |
| 0.0250 | — | 0.0270 | 0.0191 | 0.0125 | 0.0263 | 0.0270 |
| — | — | — | — | — | — | — |
| — | — | — | — | — | — | — |
| — | — | — | — | — | — | — |
| 0.0220 | 0.0170 | 0.0100 | 0.0100 | 0.0280 | 0.0100 | 0.0420 |
| -0.3000 | -0.3426 | -0.3000 | -0.2542 | -0.4156 | -0.4144 | -0.4000 |
| 0.2900 | — | — | — | 0.2890 | — | 0.1110 |
| — | 0.3373 | — | — | 0.3610 | 0.3190 | 0.3190 |
| 0.1970 | 0.4982 | — | 0.3330 | — | — | — |
| 0.2760 | — | — | 0.2219 | 0.1690 | 0.2360 | 0.2360 |
| 0.0100 | 0.0100 | 0.0100 | 0.0100 | 0.0210 | -0.0100 | 0.0400 |
| -0.2712 | -0.1551 | -0.1859 | -0.0042 | -0.1160 | — | -0.2780 |
| 0.0165 | 0.2122 | 0.0611 | 0.0258 | 0.0466 | 0.0119 | 0.1424 |
| — | — | — | 0.0100 | 0.0100 | 0.0100 | — |
| — | — | — | 0.1190 | 0.5326 | 0.2357 | 0.2771 |
| -0.0400 | — | 0.0100 | — | — | — | — |
| -0.2286 | — | -0.3980 | — | — | — | — |
| -0.0100 | — | 0.0100 | — | — | — | — |
| — | — | 0.3144 | — | — | — | — |
| -0.1478 | — | -0.0965 | — | — | — | — |
| — | 0.0100 | — | -0.0200 | 0.0100 | 0.0100 | 0.0100 |
| — | 0.6300 | — | 0.9111 | 0.7131 | 0.5727 | 0.1424 |
| — | -0.0956 | — | — | -0.3997 | -0.0226 | -0.2780 |
| 0.6003 | 0.7377 | 0.4251 | 0.3763 | 0.6978 | — | — |
| 0.0800 | 3.2300 | 0.0217 | 0.0000 | 0.5450 | 1.9400 | — |
| — | — | — | — | — | — | — |

*171*

## 附属2　ベースライン予測

### 表5-21　外生変数

| 変数名 | 単位 | 出典 | 2004/05年度 | 2015/16年度（予測） |
|---|---|---|---|---|
| 国際原油価格 | ドル（米国）/バレル | Reference case price, U. S. Department of Energy, Annual Energy Outlook 2006, (2006a) | 35.0 | 47.8 |
| 米国大豆生産者価格 | ドル（米国）/ブッシェル | Soybean meal price, ERS, USDA(2006d) | 5.7 | 6.1 |
| 米国小麦生産者価格 | ドル（米国）/ブッシェル | Farm price, USDA(2006c) | 3.4 | 3.6 |
| 米国牛肉生産量 | 百万ポンド(lb) | USDA(2006c) | 24,650.0 | 29,201.0 |
| 米国豚肉生産量 | 百万ポンド(lb) | USDA(2006c) | 20,529.0 | 22,839.0 |
| 米国乳製品生産量 | 百万ポンド(lb) | Dairy, USDA(2006c) | 170.8 | 199.2 |
| 中国ガソリン需要量 | 百万トン | International Energy Outlook 2004 (2005) | 49.6 | 103.0 |
| 中国小麦生産者価格 | 中国元/トン | Free market price, OECD-FAO (2006) | 854.0 | 866.0 |
| 中国豚肉生産量 | キロトン | OECD-FAO (2006) | 47,036.0 | 62,893.0 |
| 中国牛肉生産量 | キロトン | OECD-FAO (2006) | 6,714.0 | 11,653.0 |
| アルゼンチン大豆生産者価格 | 2004/05年度平均=1 | Export price, f.o.b. Argentine ports, OECD-FAO(2006) | 1.0 | 1.1 |
| アルゼンチン小麦生産者価格 | アルゼンチンペソ/トン | Export price, f.o.b. Argentine ports, OECD-FAO(2006) | 405.0 | 465.0 |
| アルゼンチン牛肉生産量 | キロトン | OECD-FAO (2006) | 2,906.0 | 3,232.0 |
| アルゼンチン乳製品生産量 | キロトン | Cheese, OECD-FAO (2006) | 367.0 | 459.0 |
| 日本牛肉生産量 | キロトン | OECD-FAO (2006) | 1,213.0 | 1,673.0 |
| 日本豚肉生産量 | キロトン | OECD-FAO (2006) | 1,259.0 | 1,110.0 |
| 日本鶏肉生産量 | キロトン | OECD-FAO (2006) | 1,251.0 | 1,119.0 |
| ブラジル大豆生産者価格 | 2004/05年度平均=1 | Producer price, OECD-FAO (2006) | 1.0 | 1.2 |
| ブラジル小麦生産者価格 | レアル/トン | Producer price, OECD-FAO (2006) | 429.0 | 630.0 |
| ブラジル米生産者価格 | 2004/05年度平均=1 | Producer price, OECD-FAO (2006) | 1.0 | 2.0 |
| ブラジル牛肉生産量 | キロトン | OECD-FAO (2006) | 6,571.0 | 9,677.0 |
| ブラジル鶏肉生産量 | キロトン | OECD-FAO (2006) | 8,422.0 | 12,115.0 |
| ブラジル乳製品生産量 | キロトン | Cheese, OECD-FAO (2006) | 470.0 | 585.0 |
| 韓国豚肉生産量 | キロトン | OECD-FAO (2006) | 1,107.0 | 1,245.0 |
| 韓国鶏肉生産量 | キロトン | OECD-FAO (2006) | 427.0 | 518.0 |
| 南アフリカ小麦生産者価格 | 2004/05年度平均=1 | Producer price, OECD-FAO (2006) | 1.0 | 1.1 |
| カナダ小麦生産者価格 | 2004/05年度平均=1 | Producer price, OECD-FAO (2006) | 1.0 | 1.1 |
| カナダ牛肉生産量 | キロトン | OECD-FAO (2006) | 1,025.0 | 1,096.0 |
| カナダ豚肉生産量 | キロトン | OECD-FAO (2006) | 2,311.0 | 3,273.0 |
| カナダ乳製品生産量 | キロトン | Butter, OECD-FAO (2006) | 95.0 | 94.0 |
| メキシコ大豆生産者価格 | 2004/05年度平均=1 | Producer price, OECD-FAO (2006) | 1.00 | 1.03 |
| メキシコ鶏肉生産量 | キロトン | OECD-FAO (2006) | 2,258.0 | 3,524.0 |
| メキシコ乳製品生産量 | キロトン | Cheese, OECD-FAO (2006) | 219.0 | 301.0 |
| EU穀物介入価格 | ユーロ/トン | OECD-FAO (2006) | 101.0 | 101.0 |
| EU小麦生産者価格 | ユーロ/トン | Common and drum price, OECD-FAO (2006) | 104.0 | 103.0 |
| EU25豚肉生産量 | キロトン | OECD-FAO (2006) | 21,213.0 | 22,455.0 |
| EU25乳製品生産量 | キロトン | Cheese, OECD-FAO (2006) | 7,944.0 | 8,909.0 |

### 表5-22　とうもろこし価格（内生変数）

| 変数名 | 単位 | 出典 | 2004/05年度 | 2015/16年度（予測） |
|---|---|---|---|---|
| 世界とうもろこし価格 | ドル（米国）/ブッシェル | Corn No2 Yellow, Chicago, USDA (2006c) | 2.3 | 3.5 |
| 米国とうもろこし価格 | ドル（米国）/ブッシェル | Corn Farm Price, USDA (2006c) | 2.1 | 3.2 |
| 中国とうもろこし価格 | 中国元/トン | Maize free market price, OECD-FAO(2006) | 1,215.0 | 1,542.2 |
| アルゼンチンとうもろこし価格 | アルゼンチンペソ/トン | Corn export price, f.o.b. Argentine ports OECD-FAO(2006) | 307.0 | 544.2 |
| ブラジルとうもろこし価格 | 95/96年度平均=1 | Corn Producer price, OECD-FAO(2006) | 2.6 | 3.7 |
| 日本配合飼料価格 | 円/トン | 農林水産省生産局畜産部畜産振興課，消費・安全局衛生管理課業事・飼料安全室(2005) | 39,013.0 | 43,076.0 |
| 韓国とうもろこし価格 | 95/96年度平均=1 | Corn Import price, OECD-FAO(2006) | 1.2 | 1.8 |
| 南アフリカとうもろこし価格 | ドル（米国）/ブッシェル | White Corn price, OECD-FAO(2006) | 131.5 | 176.0 |
| カナダとうもろこし価格 | カナダドル/トン | Corn Producer price, OECD-FAO(2006) | 137.7 | 207.2 |
| メキシコとうもろこし価格 | メキシコペソ/トン | Corn Producer price, OECD-FAO(2006) | 1,752.8 | 2,298.0 |

第5章 米国および中国におけるバイオエタノール政策の影響分析

### 表5-23 とうもろこし生産量の推移

(単位:1,000トン)

| | 1994/95年度 | 2004/05年度 | 2010/11年度<br>(予測値) | 2015/16年度<br>(予測値) | 年平均増加率<br>(94/95-2004/05) | 年平均増加率<br>(2004/05-15/16) |
|---|---|---|---|---|---|---|
| 世界 | 558,985 | 668,768 | 755,080 | 853,662 | 1.6% | 2.1% |
| 米国 | 255,295 | 278,409 | 300,913 | 326,103 | 0.8% | 1.3% |
| 中国 | 99,280 | 123,610 | 142,963 | 162,566 | 2.0% | 2.3% |
| アルゼンチン | 11,360 | 17,833 | 20,931 | 26,238 | 4.2% | 3.3% |
| ブラジル | 37,440 | 41,167 | 48,642 | 60,004 | 0.9% | 3.2% |
| 日本 | 2 | 1 | 1 | 1 | -6.1% | 0.0% |
| 韓国 | 89 | 76 | 102.0500886 | 130.7776741 | -1.4% | 4.6% |
| 南アフリカ | 4,866 | 10,400 | 10,635 | 10,841 | 7.1% | 0.3% |
| カナダ | 7,190 | 8,979 | 9,805 | 10,594 | 2.0% | 1.4% |
| メキシコ | 16,994 | 21,800 | 21,587 | 21,827 | 2.3% | 0.0% |
| EU25 | 0 | 47,019 | 49,642 | 51,319 | — | 0.7% |

(資料)1994/95および2004/05年度についてはUSDA-FAS(2006b)。2010/11および2015/16年度については本研究による予測。
(注)1.本研究では2005/06年度より2015/16年度にかけて予測を行ったが、簡略化のため、中間時点と最終時点のみ記載。
2.表5-24,表5-25,表5-26についても資料と注は同様である。

### 表5-24 とうもろこし需要量の推移

(単位:1,000トン)

| | 1994/95年度 | 2004/05年度 | 2010/11年度<br>(予測値) | 2015/16年度<br>(予測値) | 年平均増加率<br>(94/95-2004/05) | 年平均増加率<br>(2004/05-15/16) |
|---|---|---|---|---|---|---|
| 世界 | 538,166 | 668,743 | 756,466 | 854,847 | 2.0% | 2.1% |
| 米国 | 182,251 | 218,579 | 249,679 | 269,024 | 1.7% | 1.7% |
| 中国 | 97,000 | 131,300 | 147,676 | 169,985 | 2.8% | 2.2% |
| アルゼンチン | 5,479 | 5,100 | 6,543 | 7,727 | -0.6% | 3.5% |
| ブラジル | 36,000 | 40,367 | 48,198 | 55,507 | 1.0% | 2.7% |
| 日本 | 16,450 | 16,817 | 16,193 | 17,756 | 0.2% | 0.5% |
| 韓国 | 8,014 | 8,937 | 9,775 | 10,760 | 1.0% | 1.6% |
| 南アフリカ | 7,691 | 8,850 | 9,176 | 9,123 | 1.3% | 0.3% |
| カナダ | 7,785 | 10,996 | 11,721 | 13,028 | 3.2% | 1.4% |
| メキシコ | 20,250 | 27,567 | 31,327 | 34,800 | 2.8% | 2.0% |
| EU25 | 0 | 50,138 | 53,569 | 56,828 | — | 1.0% |

### 表5-25 とうもろこし輸出量の推移

(単位:1,000トン)

| | 1994/95年度 | 2004/05年度 | 2010/11年度<br>(予測値) | 2015/16年度<br>(予測値) | 年平均増加率<br>(94/95-2004/05) | 年平均増加率<br>(2004/05-15/16) |
|---|---|---|---|---|---|---|
| 世界 | 66,058 | 75,459 | 76,952 | 90,282 | 1.2% | 1.5% |
| 米国 | 55,311 | 47,811 | 51,400 | 57,496 | -1.3% | 1.5% |
| 中国 | 1,333 | 5,518 | 2,997 | 1,820 | 13.8% | -8.8% |
| アルゼンチン | 5,782 | 12,750 | 14,388 | 18,509 | 7.5% | 3.2% |
| ブラジル | 56 | 2,580 | 1,166 | 5,066 | 41.7% | 5.8% |
| 日本 | 0 | 0 | 0 | 0 | — | — |
| 韓国 | 0 | 0 | 0 | 0 | — | — |
| 南アフリカ | 250 | 1,417 | 1,592 | 1,846 | 17.1% | — |
| カナダ | 360 | 223 | 274 | 341 | -4.3% | 3.6% |
| メキシコ | 74 | 7 | 7 | 8 | -19.7% | 1.3% |
| EU25 | 0 | 420 | 467 | 518 | — | 1.8% |

### 表5-26 とうもろこし輸入量の推移

(単位:1,000トン)

| | 1994/95年度 | 2004/05年度 | 2010/11年度<br>(予測値) | 2015/16年度<br>(予測値) | 年平均増加率<br>(94/95-2004/05) | 年平均増加率<br>(2004/05-15/16) |
|---|---|---|---|---|---|---|
| 世界 | 68,911 | 74,934 | 76,952 | 90,282 | 0.8% | 1.5% |
| 米国 | 243 | 289 | 255 | 229 | 1.6% | -1.9% |
| 中国 | 4,287 | 101 | 6,118 | 8,281 | -28.9% | 44.4% |
| アルゼンチン | 1 | 15 | 12 | 10 | 27.9% | -3.4% |
| ブラジル | 1,407 | 917 | 686 | 530 | -3.8% | -4.5% |
| 日本 | 16,481 | 16,760 | 16,187 | 17,775 | 0.2% | 0.5% |
| 韓国 | 8,227 | 8,694 | 9,692 | 10,660 | 0.5% | 1.7% |
| 南アフリカ | 825 | 167 | 163 | 157 | -13.5% | -0.5% |
| カナダ | 1,078 | 2,146 | 2,187 | 2,774 | 6.5% | 2.2% |
| メキシコ | 3,166 | 5,969 | 9,758 | 12,944 | 5.9% | 6.7% |
| EU25 | 0 | 6,105 | 6,048 | 5,923 | — | -0.3% |

附属3　主要パラメータ推計式

収穫面積（米国）

$\log AB_{r,t} = 10.2963 + (1 + 0.007)*\log AB_{r,t-1} + 0.1768*\log*(PC_{r,t-1}/PC_{r,t-2}) +$
　　(767.14)　　　　　　　　　　　(2.5211)
$(-0.0681)*\log(PSW_{r,t-1}/PSW_{r,t-2}) + (-0.0410)*\log*(PSS_{r,t-1}/PSS_{r,t-2})$
　　$(-1.4145)$　　　　　　　　　　　$(-1.1696)$

　　　　　　　　　　$R^2 = 0.8847$, n = 10(From 1994 to 2003), DW = 1.9611

収穫面積（中国）

$\log AB_{r,t} = 10.1229 + (1 + 0.0100)*\log AB_{r,t-1} + 0.1710*\log*(PC_{r,t-1}/PC_{r,t-2}) +$
　　(46.8096)　　　　　　　　　　　(1.1278)
$(-0.0914)*\log(PSW_{r,t-1}/PSW_{r,t-2})$
　　$(-0.6637)$

　　　　　　　　　　$R^2 = 0.6196$, n = 10(From 1994 to 2003), DW = 1.9521

収穫面積（ブラジル）

$\log AB_{r,t} = 9.5696 + (1 + 0.020)*\log AB_{r,t-1} + 0.4009*\log*(PC_{r,t-1}/PC_{r,t-2}) +$
　　(32.8054)　　　　　　　　　　　(4.02266)
$(-0.1019)*\log(PSW_{r,t-1}/PSW_{r,t-2}) + (-0.1313)*\log*(PSS_{r,t-1}/PSS_{r,t-2}) +$
　　$(-2.4206)$　　　　　　　　　　　$(-1.4145)$
$(-0.1525)*\log*(PSR_{r,t-1}/PSR_{r,t-2})$
　　$(-1.2828)$

　　　　　　　　　　$R^2 = 0.8517$, n = 11(From 1994 to 2004), DW = 2.1590

バイオエタノール需要量（米国）

$\log QE_{r,t} = 9.1459 + (1 + 0.085)*\log QE_{r,t-1} + (0.1455)*\log(PG_{r,t}/PG_{r,t-1})$
　　(126.74)　　　　　　　　　　　(2.5929)
$+ (0.1202)*\log(VV_{r,t}/VV_{r,t-1})$
　　(5.5555)

　　　　　　　　　　$R^2 = 0.9846$, n = 10(From 1995 to 2004), DW = 1.5215

飼料用需要量（米国）

$\log QL_{r,t} = 11.114 + (1 - 0.005)*\log QL_{r,t-1} + (-0.2176)*\log(PC_{r,t}/PC_{r,t-1})$
　　(13.0069)　　　　　　　　　　　$(-3.0292)$
$+ 0.4799*\log(ALB_{r,t}/ALB_{r,t-1}) + 0.2749*\log(ALP_{r,t}/ALP_{r,t-1})$
　　(0.7855)　　　　　　　　　　　(0.7839)

　　　　　　　　　　$R^2 = 0.8064$, n = 12(From 1992 to 2003), DW = 2.8662

第5章 米国および中国におけるバイオエタノール政策の影響分析

飼料用需要量（中国）
  $\log QL_{r,t} = 11.1859 + (1 + 0.0012)*\log QL_{r,t-1} + (-0.151967)*\log(PC_{r,t}/PC_{r,t-1}) +$
    (40.4888)                 (-2.1403)
      $0.2997*\log(ALB_{r,t}/ALB_{r,t-1}) + 0.3004*\log(ALP_{r,t}/ALP_{r,t-1})$
      (0.9659)                 (0.5309)
              $R^2 = 0.9812, n = 11(\text{From 1993 to 2003}), DW = 2.2652$

飼料用需要量（韓国）
  $\log QL_{r,t} = 7.6889 + (1 + 0.017)*\log QL_{r,t-1} + (-0.3426)*\log(PC_{r,t}/PC_{r,t-1}) +$
    (29.5109)                 (-1.7869)
      $0.3373*\log(ALP_{r,t}/ALP_{r,t-1}) + 0.498159*\log(ALPO_{r,t}/ALPO_{r,t-1})$
      (1.5746)                 (2.0594)
              $R^2 = 0.9519, n = 16(\text{From 1978 to 2001}), DW = 1.9365$

1人当たり飼料用以外とうもろこし需要量（日本）
  $\log PQO_{r,t} = -3.9983 + (1 + 0.045)*\log PQO_{r,t-1} + (-0.1043)*\log(PD_{r,t}/PD_{r,t-1}) +$
    (-34.2880)                (-1.7132)
      $(0.1952)*\log(VV_{r,t}/VV_{r,t-1})$
      (4.7361)
              $R^2 = 0.74674, n = 15(\text{From 1988 to 2003}), DW = 2.0064$

とうもろこし輸出量（中国）
  $\log EX_{r,t} = 3.0369 + (1 - 0.100)*\log EX_{r,t-1} + 0.2041*\log(WP_{r,t}/WP_{r,t-1})$
    (1.1752)                 (1.8918)
              $R^2 = 0.7056, n = 10(\text{From 1994 to 2003}), DW = 1.9697$

とうもろこし輸入量（アルゼンチン）
  $\log IM_{r,t} = -0.9469 + (1 - 0.0100)*\log IM_{r,t-1} + (-0.7194)*\log(MP_{r,t}/MP_{r,t-1})$
    (-1.0935)                (-0.4456)
              $R^2 = 0.5137, n=12(\text{From 1992 to 2003}), DW = 1.9999$

（注）各弾性値の下の部分にはt値が記載されている（キャリブレーション値を除く）。

第6章

# ブラジルにおけるバイオエタノール輸出量の増大が国際砂糖需給に与える影響分析

## 第1節　はじめに

　ブラジルは世界の砂糖生産の19.6％，貿易量については41.5％を占める世界最大の砂糖生産・輸出国である[1]。それとともに，ブラジルではさとうきびを原料とするバイオエタノールの生産が1930年代から開始されており，現在は世界最大のバイオエタノール輸出国である。ブラジルでは，1975年から1990年にかけて実施された「プロアルコール」政策により，自動車バイオエタノールの生産・普及が国家計画として強力に推進された。これにより，ブラジルにおけるバイオエタノール生産量は1975/76年度の55.6万キロリットルから1989/90年度の1,192万キロリットルへと増大し，世界最大のバイオエタノール輸出国となった。その後，1990年代の規制緩和により，バイオエタノールと砂糖の価格，生産に関する規制が撤廃された状況下においてさとうきびを原料とし，バイオエタノールと砂糖の相対価格に応じてさとうきびから砂糖およびバイオエタノール生産へ配分が行われる観点から，ブラジルにおけるバイオエタノールと砂糖生産はさとうきびの配分比率をめぐり競合関係にある。

　ブラジル政府は，2005年9月に発表した「国家アグリエネルギー国家計画」によりこれまで国内向けが中心であったバイオエタノールについて輸出拡大政策を打ち出しており，日本に対して積極的にバイオエタノールの輸出を拡

大することを計画している。ブラジルではさとうきびの半分以上が砂糖ではなくバイオエタノールに仕向けられている。このため，ブラジルにおけるバイオエタノール政策の変更・拡大は最大の砂糖生産国・輸出国であるブラジルの輸出量の変動により，国際砂糖需給にも影響を与えることが考えられる。

　これまでのブラジルにおける砂糖とバイオエタノール需給との関係についての研究では，まず，Bolling and Suarez（2002）は砂糖生産の主な規定要因はバイオエタノール政策であることを論じた。また，Walter（2002）はブラジルにおける砂糖需給とバイオエタノール政策の相関関係が強いことを論じた。Schmitz, Seale and Buzzanell（2003）は無水エタノールのガソリン混合比率がさとうきびの需給に与える影響について分析を行った。計量経済学モデルを活用した研究としては，Koo and Taylor（2003）は2012年までの世界主要17ヶ国の砂糖需給予測を行った。また，DiPardo（2003）は2020年までのバイオエタノール生産量についての予測を行った。しかし，これまで計量経済学モデルを活用して砂糖とバイオエタノール需給の関係についてブラジルのバイオエタノール政策が国際砂糖需給に与える影響について分析を行った研究は行われていない。

　また，日本からのバイオエタノール輸入に関して，「ブラジルからのバイオエタノール輸入可能性に関する調査研究検討委員会」（2005）では，ブラジルが備蓄体制の整備や海上輸送能力の確保，長期購入契約の締結の条件を満たした場合は，2009年以降，180万キロリットルのバイオエタノールをブラジルから日本に輸出することが可能としているものの，日本がブラジルからバイオエタノールを大量に輸入した場合の国際砂糖需給への影響が言及されていない。

　本章では，日本がブラジルからバイオエタノールを輸入した場合，ブラジル国内のバイオエタノール価格が上昇するのみならず世界最大の砂糖生産・輸出国であるブラジルの砂糖輸出量の減少を通じて国際砂糖需給にも影響を与えると仮定する。本章では，日本のバイオエタノール大量輸入によるブラジルにおけるバイオエタノールの輸出量拡大がバイオエタノールの原料作物

第6章　ブラジルにおけるバイオエタノールの影響分析

であるさとうきびの配分を通じて国際砂糖需給に与える影響について，新たに開発した計量経済モデルである「世界砂糖需給予測モデル」を用いて影響試算を行う。本章では，農業（さとうきびおよび砂糖），エネルギー（バイオエタノール）需給とのリンクが「世界砂糖需給予測モデル」を構成する計量経済学的に推計された構造式およびパラメータによって再現されている。

## 第2節　世界砂糖需給予測モデル

### (1) モデルの概要

世界砂糖需給予測モデルは，ブラジルにおける環境，エネルギー，農業対策を目的としたバイオエタノール政策がブラジル国内におけるバイオエタノール需給に与える影響のみならず世界の砂糖需給に与える影響を分析するために筆者が開発したモデルである。このモデルは，世界砂糖需給およびブラジルにおけるバイオエタノール部門を対象とした部分均衡需給予測モデルである。砂糖部門では，12ヶ国・地域（ブラジル，米国，EU15，豪州，メキシコ，日本，インド，中国，ACP諸国[2]，タイ，旧ソ連地域，その他世界）を対象としている。また，さとうきびからバイオエタノールを生産しているブラジルについてはバイオエタノール需給をモデルに組み入れている。

世界砂糖需給予測モデルでは，ブラジルにおけるバイオエタノールと砂糖部門がリンクしている点が大きな特徴である。ブラジルにおけるバイオエタノール・砂糖生産では他の国とは異なり，バイオエタノール・砂糖を両方生産出来る工場の割合が全体の8割と多数を占めており，バイオエタノール・砂糖生産者は国内のバイオエタノールと砂糖の価格比に応じて生産者にとって有利な生産物（バイオエタノールおよび砂糖）への配分を選択出来る。このため，第2章で論じたようにブラジルにおけるバイオエタノール・砂糖生産量を決定する最大の要因は，さとうきびからバイオエタノール・砂糖の相対価格である。

世界砂糖需給予測モデルでは，ブラジル市場において国内バイオエタノー

ル・砂糖の相対価格によって変動する「さとうきび生産配分係数」により，さとうきびからバイオエタノール・砂糖生産への配分が決定されるシステムである点が，他の農産物需給予測モデルと異なっている。

　世界砂糖需給予測モデルの基準年は2003年であり，2015年までの生産量，需要量，輸入量，輸出量，期末在庫量および価格について予測を行う。使用される砂糖需給データは全て粗糖換算された値である。

## (2) モデルの構造と推計方法

　世界砂糖需給予測モデルの基本的構造は図6-1のとおりである。

### 1) 砂糖部門

　各国・地域の砂糖市場は，生産量，1人当たり需要量，輸入量，輸出量および期末在庫量の方程式から求められる仕組みになっている。収穫面積および単収の方程式は砂糖生産量を決定する。砂糖は，ブラジル，メキシコ，インド，ACP諸国，豪州，タイではさとうきびから，旧ソ連地域ではてんさいから生産されており，日本，米国，EU15，中国ではさとうきびとてんさい両方から生産されている。このため，砂糖生産にはさとうきび収穫面積とてんさい収穫面積が組み込まれている。収穫面積の方程式は，ラグ付き国内砂糖価格と各競合品目の価格の関数として決定される[3]。

$\log AHS_{r,t} = (1+a1)*\log AHS_{r,t-1} + a2*\log(DPS_{r,t-1}/DPS_{r,t-2})$ or

$\log AHS_{r,t} = (1+a1)*\log AHS_{r,t-1} + a2*\log(DPS_{r,t-2}/DPS_{r,t-3})$ or

$\log AHS_{r,t} = (1+a3)*\log AHS_{r,t-1} + a4*\log(DPSB_{r,t-1}/DPSB_{r,t-2}) +$
　　　　　$a5*\log(PPSA_{r,t-1}/PPSA_{r,t-2})$ or

$\log AHS_{r,t} = (1+a3)*\log AHS_{r,t-1} + a6*\log(PPS_{r,t-1}/PPS_{r,t-2}) +$
　　　　　$a5*\log(PPSA_{r,t-1}/PPSA_{r,t-2})$ or

$\log AHS_{r,t} = (1+a3)*\log AHS_{r,t-1} + a6*\log(PPS_{r,t-2}/PPS_{r,t-3})$ or

$\log AHS_{r,t} = (1+a3)*\log AHS_{r,t-1} + a7*\log(PPS_{r,t-1}/PPS_{r,t-2}) +$
　　　　　$a5*\log(PPSA_{r,t-1}/PPSA_{r,t-2})$ or

第6章　ブラジルにおけるバイオエタノールの影響分析

〈ブラジルエタノール市場〉

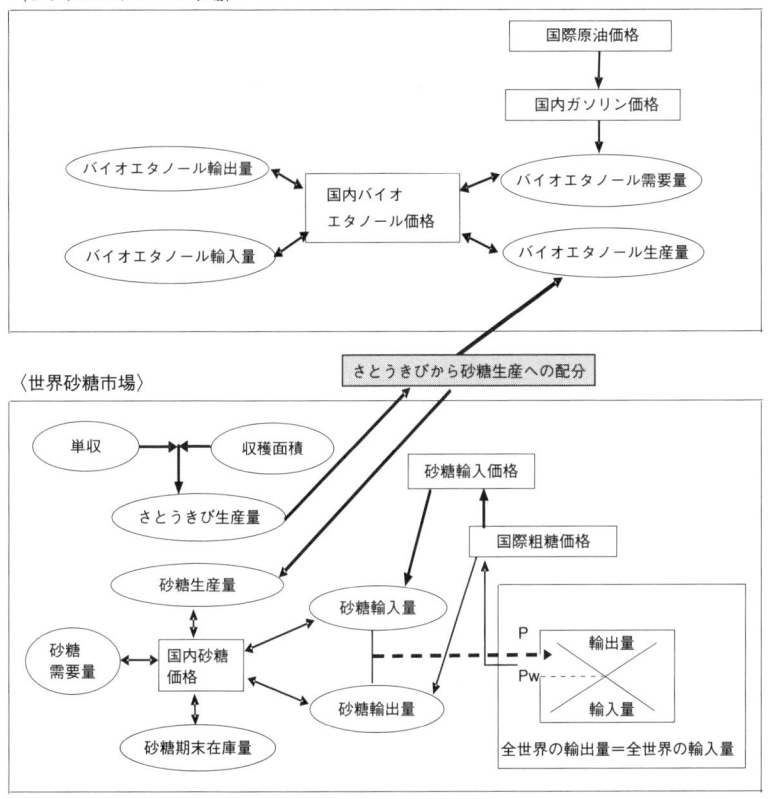

〈世界砂糖市場〉

図6-1　世界砂糖需給予測モデルの概念図

$\log AHS_{r,t} = (1 + a3) * \log AHS_{r,t-1} + a8 * \log(WPS_{r,t-1}/WPS_{r,t-2})$ or
$\log AHS_{r,t} = (1 + a3) * \log AHS_{r,t-1} + a8 * \log(WPS_{r,t-2}/WPS_{r,t-3})$

ただし，AHSは収穫面積，DPSは砂糖国内価格，DPSBは国内てんさい価格，PPSは砂糖生産者価格，PPSAは競合作物の生産者価格，WPSは国際粗糖価格又は国際白糖価格，a1-a8はパラメータ[4]である。また，tは時系列変化，rは国又は地域を意味する。さらに，各パラメータ推計に当たり，定数項は推計したが，本モデルには使用しなかったものの，その替わりにカリブレーション値を用いている。定数項に比べカリブレーション値[5]を入れる

*181*

ことにより，モデルの予測精度が向上すると考えた結果，定数項の替わりにカリブレーション値を採用した。

さとうきびの単収，てんさいの単収，砂糖抽出率については技術変化率で決定される。

$YSC_{r,t} = YSC_{r,t-1} * (1 + a9)$ or

$YSB_{r,t} = YSB_{r,t-1} * (1 + a10)$

$ERS_{r,t} = ERS_{r,t-1} * (1 + a11)$

ただし，YSCはさとうきびの単収，YSBはてんさいの単収，a9-a11はパラメータ，ERSは砂糖抽出率である。ブラジル，ACP諸国，その他世界以外の砂糖生産は以下のとおりである。

$QPS_{r,t} = (AHSC_{r,t} * YSC_{r,t} + AHSB_{r,t} * YSB_{r,t}) * ERS_{r,t}$

ただし，QPSは砂糖生産量である。ブラジルの砂糖生産では，さとうきびから砂糖生産への配分比率である「さとうきび生産配分係数」が重要な役割を果たしている。ブラジルにおける砂糖生産は以下のとおり決定される。

$SUAL_t = (AHSC_t * YSC_t) * (0.3 + 0.18 * ((DPS_t/DPS_{t-1})/(DPEt/DPE_{t-1})))$

$QPS_t = SUAL_t * ERS_t$

ただし，SUALはさとうきび生産配分係数，0.3はさとうきびから砂糖生産配分への固定比率，0.18は砂糖・バイオエタノール相対価格変化に伴う配分調整率である。ブラジルではさとうきびを絞った糖汁（ケーンジュース）は砂糖とバイオエタノールに配分されている。さとうきびから砂糖への配分およびさとうきびからバイオエタノールへの配分は国内の砂糖・バイオエタノール価格比で決定されている。

1人当たりの砂糖需要量は，砂糖価格と所得により決定される。

$\log PQCS_{r,t} = (1 + a12) * \log PQCS_{r,t-1} + a13 * \log(DPS_{r,t}/DPS_{r,t-1}) +$
$\quad a14 * \log(I_{r,t}/I_{r,t-1})$ or

$\log PQCS_{r,t} = (1 + a12) * \log PQC_{r,t-1} + a15 * \log(PPS_{r,t}/PPS_{r,t-1}) +$
$\quad a14 * \log(I_{r,t}/I_{r,t-1})$ or

$\log PQCS_{r,t} = (1 + a12) * \log PQCS_{r,t-1} + a16 * \log(MPS_t/MPS_{t-1}) +$

$$a14*\log(I_{r,t}/I_{r,t-1}) \text{ or}$$
$$\log \text{PQCS}_{r,t} = (1+a12)*\log \text{PQCS}_{r,t-1} + a17*\log(\text{CPIS}_{r,t}/\text{CPIS}_{r,t-1}) +$$
$$a14*\log(I_{r,t}/I_{r,t-1})$$

ただし，PQCSは1人当たり砂糖需要量，Iは1人当たり所得，MPSは砂糖輸入価格，CPISは砂糖の消費者価格，a12-a17はパラメータである。各国・地域における1人当たり所得および砂糖の消費者価格は，世界銀行およびOECD-FAO（2006）から得られたマクロデータを外生変数として使用した。砂糖需要量は1人当たり砂糖需要量に各国・地域における人口を乗じて決定される。

$$\text{QCS}_{r,t} = \text{PQCS}_{r,t}*\text{POP}_{r,t}$$

ただし，QCSは砂糖需要量，POPは人口である。

ブラジルおよび米国における砂糖輸出量は世界砂糖価格と国内砂糖価格により決定される。

$$\log \text{EXS}_{r,t} = (1+a18)*\log \text{EXS}_{r,t-1} + a19*\log(\text{WPS}_{r,t}/\text{WPS}_{r,t-1}) +$$
$$a20*\log(\text{DPS}_{r,t}/\text{DPS}_{r,t-1})$$

ただし，EXSは砂糖輸出量，WPSは国際粗糖価格又は国際白糖価格，a18-a20はパラメータである。砂糖純輸出国では，砂糖の輸出量は以下のとおり，定義式で決定される。

$$\text{EXS}_{r,t} = \text{QPS}_{r,t} + \text{IMS}_{r,t} - \text{QCS}_{r,t} - (\text{SS}_{r,t} - \text{SS}_{r,t-1})$$

ただし，IMSは砂糖輸入量，SSは砂糖の期末在庫量である。

砂糖純輸出国における砂糖輸入量は，砂糖輸入価格と国内砂糖価格によって決定される。

$$\log \text{IMS}_{r,t} = (1+a21)*\log \text{IMS}_{r,t-1} + a22*\log(\text{MPS}_{r,t}/\text{MPS}_{r,t-1}) +$$
$$a23*\log(\text{DPS}_{r,t}/\text{DPS}_{r,t-1})$$

ただし，a21-a23はパラメータである。砂糖純輸入国では，砂糖輸入量は以下のとおり定義式によって決定される。

$$\text{IMS}_{r,t} = \text{EXS}_{r,t} + \text{QCS}_{r,t} + (\text{SS}_{r,t} - \text{SS}_{r,t-1}) - \text{QPS}_{r,t}$$

EU15はACP諸国といった特定の国々に対して，特恵的な関税割当による

取り扱いを行っているが，この特恵的な関税割合以外の国に対しては，EU15は可変課徴金を中心とする輸入制限措置を行っている。EU15の輸入量は国際粗糖価格と国内砂糖価格により決定される。

$$\log IMS_{r,t} = (1 + a21)*\log IMS_{r,t-1} + a24*\log(WPS_t/WPS_{t-1}) +$$
$$a25*\log(DPS_{r,t}/DPS_{r,t-1})$$

ただし，a23-a25はパラメータである。

砂糖純輸出国における砂糖の期末在庫量は，砂糖の生産量や砂糖価格によって決定される。

$$\log SS_{r,t} = (1 + a26)*\log SS_{r,t-1} + a27*\log(QPS_{r,t}/QPS_{r,t-1}) +$$
$$a28*\log(DPS_{r,t}/DPS_{r,t-1}) or$$
$$\log SS_{r,t} = (1 + a26)*\log SS_{r,t-1} + a27*\log(QPS_{r,t}/QPS_{r,t-1}) +$$
$$a29*\log(WPS_{r,t}/WPS_{r,t-1}) or$$
$$\log SS_{r,t} = (1 + a26)*\log SS_{r,t-1} + a27*\log(QPS_{r,t}/QPS_{r,t-1}) +$$
$$a30*\log(PPS_{r,t}/PPS_{r,t-1})$$

ただし，a26-a30はパラメータである。

砂糖純輸入国における砂糖の期末在庫量は，砂糖の需要量や砂糖価格によって決定される。

$$\log SS_{r,t} = (1 + a26)*\log SS_{r,t-1} + a31*\log(QCS_{r,t}/QCS_{r,t-1}) +$$
$$a28*\log(DPS_{r,t}/DPS_{r,t-1}) or$$
$$\log SS_{r,t} = (1 + a26)*\log SS_{r,t-1} + a31*\log(QCS_{r,t}/QCS_{r,t-1}) +$$
$$a32*\log(MPS_{r,t}/MPS_{r,t-1})$$

ただし，a27-a32はパラメータである。

## 2）バイオエタノール部門

ブラジルにおけるバイオエタノール生産においては，以下のようにさとうきびから砂糖生産に配分された残りのさとうきびがバイオエタノールに配分される仕組みになっている。また，バイオエタノール抽出率は，技術変化率によって決定される。

## 第6章 ブラジルにおけるバイオエタノールの影響分析

$QPE_t = ((AHS_t * YSC_t) - SUAL_t) * ERE_t$

$ERE_t = ERE_{t-1} * (1 + 0.001)$

ただし，AHSはさとうきびの収穫面積，YSCはさとうきび単収，SUALはさとうきびから砂糖生産への配分率である「さとうきび生産配分係数」，EREはバイオエタノール抽出率，0.001はバイオエタノール抽出率に関する技術変化率である。

ブラジルのバイオエタノール需要量は，輸送用需要とその他需要に分けられる。輸送用バイオエタノールの需要量は，ガソリン需要量に対して混合比率を乗じて求められる。ガソリン需要量は1台当たりのガソリン需要量とガソリン車走行台数によって決定される。1台当たりのガソリン需要量は国内ガソリン価格と国内バイオエタノール価格によって決定される。国内ガソリン価格は外生変数である国際原油価格から決定される。ガソリン車走行台数は1人当たりの所得で決定されるガソリン車生産台数により決定される。

$QCE_t = (QCG_t / (1 - BLEND)) * BLEND$

$QCG_t = PQCG_t * CARNUM_t$

$\log PQCG_t = (1 + 0.01) * \log PQCG_{t-1} - 0.4152 * \log(DPG_t/DPG_{t-1}) - 0.1218 * \log(DPE_t/DPE_{t-1})$

$\log DPG_t = 0.3363 * \log(WOP_t/WOP_{t-1})$

$CARNUM_t = \Sigma CARQP_{t-i, i=1,12}$

$\log CARQP_t = (1 + 0.001) * \log CARQP_{t-1} + 0.1379 * \log(I_t/I_{t-1})$

ただし，QCEはバイオエタノール需要量，QCGはガソリン需要量，BLENDは無水エタノールのガソリンに対する混合比率，PQCGは1台当たりのガソリン需要量，CARNUMはガソリン車の走行台数，DPGは国内ガソリン価格，DPEは国内バイオエタノール価格，WOPは国際原油価格，CARQPはガソリン車の生産台数，Iは1人当たり所得である。1台当たりのガソリン需要量の方程式では－0.4152は国内ガソリン価格に対する需要の弾性値であり，－0.1218は国内無水エタノール価格に対する弾性値である。また，0.01は1台当たりのガソリン需要量の成長率である。国内ガソリン価格

の方程式では，0.3363は国内ガソリン価格に対する価格伝達係数である。また，ガソリン車の生産台数の方程式では0.1379は所得弾性値であり，0.001はガソリン車の生産台数の成長率である。

その他需要量は，所得と国内バイオエタノール価格によって決定される。

$$\log PQCEO_{r,t} = (1+0.03)*\log PQCEO_{r,t-1} + 0.2956*\log(I_{r,t}/I_{r,t-1}) - 0.17075*\log(DPE_{r,t}/DPE_{r,t-1})$$

ただし，PQCEOは1人当たりその他用バイオエタノール需要量である。その他需要量は1人当たりバイオエタノール需要量に人口を乗じて決定される。

$$QCEO_{r,t} = PQCEO_{r,t}*POP_{r,t}$$

ただし，QCEOはその他用バイオエタノール需要量である。バイオエタノール輸出量および輸入量は，以下のように国内バイオエタノール価格によって決定されている。

$$\log EXE_{r,t} = (1+0.0180)*\log EXE_{r,t-1} + 0.3175*\log(DPE_{r,t}/DPE_{r,t-1}) \text{ or}$$
$$\log IME_{r,t} = (1-0.0100)*\log IME_{r,t-1} - 0.2787*\log(MPE_{r,t}/MPE_{r,t-1})$$

ただし，EXEはバイオエタノール輸出量であり，IMEはバイオエタノール輸入量である。

## (3) 国際需給均衡と価格伝達性

砂糖市場では，各予測年において，全輸出量と全輸入量を決定し，全輸出量が全輸入量と等しくなるように需給均衡価格である国際粗糖価格がガウスザイデル法により求められている。

$$\sum_r EX_{r,t} = \sum_r IM_{r,t}$$

ただし，rは国・地域，tは時系列変化である。また，ブラジルにおけるバイオエタノール市場でも，国内の生産量と輸入量の合計量が輸出量と需要量の合計量に等しくなるように需給均衡価格である国内バイオエタノール価格がガウスザイデル法により求められている。

## 第6章 ブラジルにおけるバイオエタノールの影響分析

　世界の砂糖市場では，政府からの市場介入が他の農産物に比べて高く，特にいくつかの国・地域の市場では政府からの介入が強いという特徴がある。このため，本モデルでは以下の3つの方法で需給均衡を行っている。a) 市場介入が強い地域・国における砂糖需給は域内・国内価格により需給均衡が行われる。この域内・国内価格は，国際価格とは完全に異なる動きとなっている。b) 砂糖とバイオエタノールの国内相対価格によってさとうきびから砂糖への配分が決定されるブラジルでは，国内需給均衡が国内価格により行われる。ただし，国内価格は貿易量を通じて国際価格に不完全ながらもリンクした動きとなっている。c) 国内の需給均衡が，国際価格にリンクした国内価格により行われる。

　本モデルを構成する12ヶ国・地域の砂糖市場のうち，EU15の砂糖市場では輸入粗糖に対して可変課徴金や可変課徴金に類似した措置を行っているため，域内市場は国際砂糖需給からほぼ完全に孤立した状態にある。このため，EU15では政策価格が域内の需給均衡を行う役割を果たしている。EU15の域内価格は域内における市場介入価格として導入されたものであり，本モデルはこれらの政策価格を外生変数として導入した（表6-9）。

　以上の国内・域内価格は国内・域内の需給を調整する均衡価格であり，需給均衡の状態は国内均衡価格の数と同じである。国際砂糖需給の性格を反映した国内価格は，国際価格とは完全に異なる動きとなっている点については，他の農産物需給予測モデルであるIFPSIM Model（農林水産省），Aglink-Cosimo（OECD-FAO），IMPACT Model（IFPRI），CPPA Model（米国農務省）とは異なっている。これらのモデルでは国際農産物価格が国内農産物価格にリンクした動きとなっている。

　本モデルでは政策的誘導価格を決定する政策的変数を採用することは意図していないが，砂糖とバイオエタノールとの特殊な関係（ブラジルの国内価格），国際価格と乖離した国内価格（EU15）を表現するために需給均衡に他のモデルとは異なるシステムを採用した。

　国際白糖価格，国内砂糖輸入価格，国内生産者価格は以下のように価格伝

達係数により国際粗糖価格にリンクしている。

$\log WHP_t = 0.9345 * \log(WRP_t/WRP_{t-1})$

$MPS_{r,t} = WRP_t * (1 + TS_t)$

$\log PPS_{r,t} = a33 * \log(WRP_t/WRP_{t-1})$

ただし，WHPは国際白糖価格，WRPは国際粗糖価格，TSは砂糖関税（従価税），a33はパラメータ，0.9345は国際粗糖価格から国際白糖価格への価格伝達係数である。

砂糖の時系列需給データについては，FAOSTAT（FAO 2006）の粗糖換算値を使用した。また，ブラジルの時系列バイオエタノール需給データについては，ブラジル鉱山エネルギー省「Brazilian Energy Balance 2005」（Ministerio de minas e Energia 2006）を使用した。ブラジルにおけるガソリン車の生産台数についてはブラジル自動車工業会「Brazilian Automotive Industry Yearbook」（Brazilian Automotive Industry Association 2006a）を使用した。

## 第3節　世界砂糖需給予測（ベースライン予測）

### (1) 前提条件

ベースライン予測では，予測期間中，対象国・地域において現行の経済政策，農業政策が全ての国・地域において継続することを前提としている。この他に平年並みの天候やこれまでの技術変化率が予測期間中も継続することを見込んでいる。また予測期間中，新たなWTO農業交渉の進捗はベースライン予測では見込んでおらず，マーケットアクセス条件にも進捗がみられないことを見込んでいる。また，予測期間中の地域的なFTAやEPAの更なる拡大も前提条件として見込んでいない。

ベースライン予測では，外生変数としての国際原油価格データについては2004年から2015年にかけて年率1.5%の上昇を予測している米国エネルギー省のAnnual Energy Outlook 2006（USDE-EIA 2006a）における

Reference case (中位価格) を使用した。また，外生変数としてEU15の国内支持価格についてはOECD-FAO (2006) を使用した。米国における競合品目の生産者価格については米国農務省 (USDA 2006c) を使用し，米国以外はOECD-FAO (2006) の価格データを使用した。全ての国・地域における人口データについては国連人口予測のうち中位推計（United Nations 2005) を使用した。GDPについてはOECD-FAO (2006) による経済予測値を利用した。

予測期間中，ブラジルでは無水エタノールのガソリンへの混合率を25％に設定し，日本におけるブラジルからのバイオエタノール輸入量は2003年の水準である29,145キロリットル（財務省 2006）であることを前提とする。

## (2) 2015年における世界砂糖需給予測

世界砂糖生産量（粗糖換算）は，2004年から2015年にかけて年平均1.7％増加することが予測される。世界砂糖生産の増加に最も寄与した国はブラジルである。世界砂糖需要量（粗糖換算）は予測期間中に年平均1.7％増加することが予測される。なお，インドの需要量増加は世界の砂糖需要量増大に最も寄与している。世界砂糖輸出量および輸入量（粗糖換算）は，予測期間中1.4％増加することが予測される。国際粗糖価格[6]は，2003年の7.51USC/poundから2015年には10.0USC/poundへと緩やかに上昇することが予測される。ブラジルにおけるさとうきび収穫面積は2004年から2015年にかけて年平均2.0％増加することが予測される。

2014年から2015年にかけて，ブラジルにおける国内砂糖価格は1.075から1.056（2000＝1）[7]へと下落することが予測されており，国内バイオエタノール価格は1.229から1.204へと下落[8]することが予測されている。国内砂糖価格を国内バイオエタノール価格で乗じた相対価格[9]は0.8744から0.87759へと上昇している。この上昇は，ブラジルの製造業者にとって砂糖生産を増大するインセンティブとなり，結果としてさとうきびから砂糖への配分比率は45.4％から45.6％へと上昇することが予測される。ブラジルの砂糖生産は予

測期間中，年平均3.1%増加することが予測される。輸出量についても予測期間中，年平均3.9%増加することが予測される。ブラジルは2015年時点でも世界最大の砂糖生産国であるとともに輸出国でもあることが見込まれ，特に，世界の砂糖輸出量に占めるブラジルの割合は2003年の29.3%から2015年には42.2%と増加することが予測される。

ブラジルにおけるバイオエタノール需給は国内需要の増大や国際原油価格の高騰を背景として，今後も拡大することが見込まれ，生産量および需要量については，2004年から2015年の予測期間中，年平均3.9%増加することが予測される。また，輸出量についても年平均3.0%増加することが予測される。

EUでは砂糖制度に関するブラジル，豪州，タイからの提訴によるWTOパネル裁定を受け，2006年からC糖の廃止や介入価格を廃止して参考価格へ移行するとともにこの参考価格を4年間で36%削減することを主とする砂糖改革を実施することになる[10]。

EUではこの砂糖改革により，EUの国際砂糖市場における生産量および輸出競争力は弱まることが見込まれている（OECD-FAO 2006）。EU15の生産量は予測期間中，年平均2.6%減少するとともに，輸出量は年平均11.8%減少する。このため，世界の砂糖輸出量に占めるEU15の輸出量は2003年の18.0%から2015年には2.8%まで減少し，輸出競争力が著しく弱まることが予測される。

また，EUからACP諸国に対する砂糖協定については今後も維持されるものの，EUがACP諸国から買い入れる補償価格についても2006年度から4年間で36%削減するため，これまで国際粗糖価格よりも高い水準で輸出してきたACP諸国の砂糖生産にも影響を与える。このため，ACP諸国の砂糖生産量は予測期間中，年平均0.7%減少し，砂糖輸出量については年平均7.9%減少することが予測される。

## 第4節　ブラジルにおけるバイオエタノール輸出量の増大が国際砂糖需給に与える影響分析

### (1) シナリオの設定

　日本では，京都議定書の発効による温室効果ガス排出抑制目標達成の目的からバイオエタノールの普及に向けた取り組みが推進されている[11]。日本においてバイオエタノール普及を推進する場合，当面は生産余力の大きいブラジルから輸入することが不可欠という見解を示している。「ブラジルからのバイオエタノール輸入可能性に関する調査研究検討委員会」(2005) では，ブラジルが備蓄体制の整備や海上輸送能力の確保，長期購入契約の締結の条件を満たした場合は，2009年以降，180万キロリットルのバイオエタノールをブラジルから日本に輸入することを可能としている。また，この他にもバイオエタノールの供給確保については他の国と競合する可能性があることからブラジルとの長期購入契約の早期締結による対応が必要とされている。また，環境省による「バイオエタノール混合ガソリン等の利用拡大について」(再生可能燃料利用推進会議　2003) では，E3普及のロードマップが示され，2012年度までに全国的にE3（バイオエタノール3％混合ガソリン）を普及させることを目標としている。

　ブラジルでは今後，バイオエタノールの輸出拡大政策を打ち出しており，その輸出先として日本に対して積極的にバイオエタノールの輸出を拡大していくことを計画している。このため，今後，ブラジル・日本両国におけるバイオエタノール貿易が活発化することが考えられる。また，三井物産㈱では，ブラジルからのバイオエタノール輸入拡大に備え，ブラジルにおけるバイオエタノールの販売・流通最大手のペトロブラス（Petrobras）社との業務提携，共同調査・研究を行っている[12]。

　京都議定書目標達成計画で示された2010年度における輸送用燃料におけるバイオマス由来燃料の利用についての目標値である原油換算50万キロリット

ル（バイオエタノール換算：80万キロリットル）については最低使用目標であり，今後日本が更なるバイオ燃料の普及を推進することが考えられるため，本章のシナリオとしては日本において2012年からE3の全国的普及が推進され，その全量がブラジルからの輸入で賄われたケースをベースライン予測に対する代替シナリオとして設定する[13]。

　日本ではガソリン需要量についての将来的な予測値が公表されていないため，2004年におけるガソリン需要量を経済産業省「平成16年度エネルギー需給実績」（経済産業省　2006b）によるデータを基準として日本の石油需要量の伸び率を乗じて，日本における2015年までのガソリン需要量の推計を行った。日本の石油需要量の伸び率については，米国エネルギー省"International Energy Outlook 2006"（USDE-EIA 2006c）のReference Case（中位）における日本の石油需要量の予測値を使用した。この結果として，日本におけるガソリン需要量は2004年の6,143千キロリットルから2012年には5,967千キロリットル，2015年には6,033千キロリットルとなることが予測される。この結果を踏まえて，E3に必要な需要量は2012年時点では174万キロリットル，2015年には176万キロリットルとなることが予測される（表6-1）。

### (2) 国際砂糖需給への影響

　日本において2012年からE3の全国的普及が推進され，その全量がブラジルからの輸入で賄われたケースをシナリオとして設定した結果，2015年におけるブラジルのバイオエタノール輸出量はベースライン予測に対し，149.6％増加することが予測された。また，生産量についても6.2％の増加が予測され，結果として国内バイオエタノール価格は1.8％の上昇が予測された（表6-2）。

　国内バイオエタノール価格の上昇により，ブラジルにおける砂糖・バイオエタノール製造業者は砂糖生産からバイオエタノール生産にシフトしていくことが予測される。2012年には国内バイオエタノール価格は国内砂糖価格に

第6章　ブラジルにおけるバイオエタノールの影響分析

表6-1　日本におけるガソリン需要量およびバイオエタノール需要量の推移（予測）
(単位：万キロリットル)

|  | 2004年<br>(実績) | 2005年<br>(予測値) | 2008年<br>(予測値) | 2012年<br>(予測値) | 2013年<br>(予測値) | 2014年<br>(予測値) | 2015年<br>(予測値) |
|---|---|---|---|---|---|---|---|
| ガソリン消費量 | 6,143 | 6,106 | 5,997 | 5,967 | 5,989 | 6,011 | 6,033 |
| バイオエタノール需要量（E3：ガソリンに対してバイオエタノール3%混合のケース） | 179 | 178 | 175 | 174 | 174 | 175 | 176 |

(資料) 経済産業省（2006b），USDE-EIA（2006c）を基に予測。

表6-2　ブラジルバイオエタノール需給への影響
（シナリオ）

|  | シナリオ/ベースライン |
|---|---|
| 輸出量 | 149.6% |
| 生産量 | 6.2% |
| 需要量 | -0.8% |
| 国内バイオエタノール価格 | 1.8% |

(注) 各変化率は(シナリオ(2015年)/ベースライン(2015年)-1)*100を意味する。

表6-3　砂糖生産量への影響
（シナリオ）

|  | シナリオ/ベースライン |
|---|---|
| 世界 | -0.1% |
| ブラジル | -0.6% |
| 豪州 | 0.4% |
| ACP諸国 | 0.5% |
| タイ | 0.5% |

表6-4　砂糖需要量への影響
（シナリオ）

|  | シナリオ/ベースライン |
|---|---|
| 世界 | -0.1% |
| ブラジル | -0.4% |
| 日本 | 0.0% |

表6-5　砂糖輸出量への影響
（シナリオ）

|  | シナリオ/ベースライン |
|---|---|
| 世界 | -0.1% |
| ブラジル | -1.0% |
| 豪州 | 0.4% |
| ACP諸国 | 2.0% |
| タイ | 0.6% |

表6-6　砂糖輸入量への影響
（シナリオ）

|  | シナリオ/ベースライン |
|---|---|
| 世界 | -0.1% |
| ブラジル | -0.1% |
| 日本 | 0.0% |

表6-7　砂糖価格への影響
（シナリオ）

|  | シナリオ/ベースライン |
|---|---|
| 国際粗糖価格（New York, No11） | 1.4% |
| ブラジル（クリスタルシュガー） | 1.5% |
| 国際白糖価格（London, No5） | 1.3% |

比べて高くなるため，国内砂糖価格を国内バイオエタノール価格で乗じた相対価格は0.8616とベースライン予測の0.8712に比べて低くなることが予測される。その結果として，さとうきびから砂糖への配分率は2012年時点で44.25%とベースライン予測の45.06%に比べて低くなることが予測される。2015年にはさとうきびから砂糖への配分率は2015年時点で45.16%と回復するものの，ベースライン予測の45.62%に比べて低くなることが予測される。このため，ブラジルにおける砂糖生産量は2015年時点で0.6%減少（表6-3），

輸出量は1.0%減少することが予測される（表6-5）。

ブラジルの国内砂糖価格は，ベースライン予測に対し，1.5%上昇することが予測される（表6-7）。ブラジルにおけるさとうきびからの砂糖配分率の変化により，世界砂糖生産量および需要量は0.1%減少することが予測される（表6-3および表6-4）。また，世界砂糖輸出量および輸入量は0.1%減少することが予測される（表6-5および表6-6）。結果として，国際粗糖価格は1.4%上昇することが予測される（表6-7）。

## 第5節　結論

ブラジルでは今後，バイオエタノールの輸出拡大政策を打ち出しており，その輸出先として日本に対して積極的にバイオエタノールの輸出を拡大していくことを計画している。また，日本では，京都議定書の発効による温室効果ガス排出抑制目標達成の目的からバイオエタノールの普及に向けた取り組みが推進されている。日本においてバイオエタノール普及を推進する場合，当面は生産余力の大きいブラジルから輸入することが不可欠という見解を政府は示している。このため，今後，ブラジル・日本両国におけるバイオエタノール貿易が活発化することが考えられる。

本章では，日本がE3の普及に伴いブラジルからバイオエタノールを輸入する場合，ブラジル国内のバイオエタノール価格が上昇するのみならず世界最大の砂糖生産・輸出国であるブラジルの砂糖輸出量の減少を通じて国際砂糖需給にも影響を与えることを仮定したが，結論として日本がブラジルからバイオエタノールを輸入することは，ブラジル国内のバイオエタノール価格，砂糖価格が上昇するのみならず，国際粗糖価格の上昇を招き，国際砂糖需給にも一定の影響を与えることが結果として導き出された。

なお，この国際粗糖価格の1.4%上昇は過去の国際粗糖価格の変動幅に比べるとそれほど大きな変動ではないように思える。本章ではベースライン，シナリオ予測ともこれらの要因を予測期間中，平年並みの天候および現行の

政策が継続すると見込んだものの，実際の国際粗糖価格は，天候による要因や貿易政策の急激な変更といった要因により過去に変動を繰り返してきている。このため，今後，天候による要因や貿易政策の急激な変更といった要因により国際価格が変動する場合は，ベースライン予測や各シナリオ予測を基調として変動することが考えられる。また，こうした変動要因は投機の対象となることが多いことから，さらに価格変動を増幅させることが考えられる。このため，今回の分析結果である国際粗糖価格の1.4%上昇そのものは大きくないものの，実際の国際粗糖価格をさらに上昇させることが考えられるため，今回の分析結果による国際粗糖価格の上昇を一定の影響があるものと判断した。

　世界最大の砂糖輸出国であるブラジルの砂糖輸出量は減少するものの，世界の砂糖輸出量に大きな変化はみられないことが予測される。これは，国際粗糖価格の上昇が砂糖輸出国の輸出量を増大させるインセンティブとなり，主要砂糖輸出国の輸出量が増大することが予測される。実際に砂糖輸出国の輸出量が増大するのは2014年以降になることが予測される。これはさとうきびの生育期間である2期のタイムラグを経て，増産されることを意味する。国際粗糖価格上昇は，これら砂糖輸出国に対して利益を与えることが予測される。

　特に，ACP諸国では，2015年時点で2.0%の砂糖の輸出量が増大することが予測される。ACP諸国では，砂糖の輸出が貴重な外貨獲得源であるように砂糖の輸出に依存した国々も多いため，国際粗糖価格の上昇はこれらの国々に対して利益を与えることが出来る。また，タイでも砂糖輸出量は0.6%増加し，豪州では0.4%増加することが予測される。

　ブラジルから日本へのバイオエタノール輸出により，ブラジルでは砂糖の生産量・輸出量が減少するものの，バイオエタノールの生産量・輸出量が増大し，バイオエタノールおよび砂糖の製造施設を有する業者がブラジル国内で8割を占めていることからもバイオエタノール・砂糖業者は利益を受けることになるものと考えられる。また，砂糖を輸出しているACP諸国，タイ，

豪州も国際粗糖価格の上昇により恩恵を受けるものと考えられる。さらに，日本でも国産に比べて，割安なバイオエタノールを購入することが出来る上[14]，温室効果ガス排出抑制目標の達成に寄与することが期待出来る。

しかしながら，日本がE3普及に伴いブラジルからバイオエタノールを輸入することは，ブラジル国内の砂糖価格上昇を招き，砂糖の需要量減少も予測されている。特に，砂糖を輸入に依存する低開発途上国では国際粗糖価格の上昇により，十分な所得がないため，砂糖の購入・輸入量を減らすことが考えられる[15]。このため，日本がブラジルからバイオエタノールを大量購入することは国際粗糖価格上昇を通じたメリットだけでなく，デメリットもあることに十分な認識が必要である。

注
1) 2006/07年度時点のUSDAの粗糖換算データである（USDA-FAS 2007b）。
2) 本章ではACP諸国は，79ヶ国（アンゴラ，アンティグア・バーブーダ，バハマ，バルバドス，ベリーズ，ベニン，ボツワナ，ブルキナファソ，ブルンジ，カメルーン，ケープベルデ，中央アフリカ，チャド，コモロ，コンゴ民主共和国，コンゴ共和国，クック諸島，コートジボアール，キューバ，ジブチ，ドミニカ国，ドミニカ共和国，東チモール，赤道ギニア，エリトリア，エチオピア，フィージー，ガボン，ガンビア，ガーナ，グレナダ，ギニア共和国，ギニアビサウ共和国，ガイアナ，ハイチ，ジャマイカ，ケニア，キリバス，レソト，リベリア，マダガスカル，マラウイ，マリ，マーシャル諸島，モーリタニア，モーリシャス，ミクロネシア連邦，モザンビーク，ナミビア，ナウル，ニジェール，ナイジェリア，ニウエ，パラオ，パプアニューギニア，ルワンダ，セントクリストファー・ネイビス，セントルシア，セント・ビンセントおよびグレナディーン諸島，サントメ・プリンシペ，サモア，セネガル，セイシェル，シオラレオネ，ソロモン諸島，ソマリア，南アフリカ，スーダン，スリナム，スワジランド，タンザニア，トーゴ，トンガ，トリニダード・トバゴ，ツバル，ウガンダ，バヌアツ，ザンビア，ジンバブエ）を対象。
3) このモデルが時系列的価格変化を反映することを第1目的とした政策シュミレーションモデルであることから，ラグ付きの説明変数を使用した。そのメリットとしてはトレンドが除去され，見せ掛けの回帰のおそれが少ないこと，短期の不均衡をエラー修正としてあらわすこと，長期的関係の情報が失われ

第6章 ブラジルにおけるバイオエタノールの影響分析

ず長期的関係式を得られることがあげられる。
4）**表6-8**を参照。本モデルは政策シミュレーションモデルであり，モデルを作成するに当たり，各方程式はOLSで推計し，パラメータの値が妥当と判断されるものを選択した。t値や決定係数の値は高くないものの，モデルの構造をわかり易くするために附属3を付けた。
5）キャリブレーション値の計測に当たっては，予測初年度である2004年の値を米国農務省海外情報局発表（USDA-FAS　2006b）の最新暫定推計値に合わせるための値である。
6）New York, No11-f.o.b. stowed Caribbean port, including Brazil, bulk spot priceである。
7）国内砂糖価格は22.77Real/50kgから22.36Real/50kgへと下落することが予測される。
8）国内バイオエタノール価格は699.41R$/1,000litersから684.35R$/1,000litersへと下落することが予測される。
9）相対価格とは，国際砂糖価格/国内バイオエタノール価格により算出される。
10）詳細については第2章参照。
11）詳細については第4章参照。
12）2007年8月現在。
13）ライフサイクルアセスメント（LCA）では，1キロリットルのバイオエタノール当たり，ブラジルからのバイオエタノール生産と輸入航路上で268kgの$CO_2$が排出されるが，日本国内では1,380kgの$CO_2$が削減され，差し引きすると正味1,112kgの$CO_2$が削減される（大聖・三井物産　2004）。

なお，ブラジル産バイオエタノールを日本が輸入した場合は，運賃込みで76.4円/リットルになるもことが推計されている（農林水産省大臣官房環境政策課　2006）。
14）第4章第3節図4-1参照。
15）ACP諸国のうち砂糖生産を行っていないアフリカ諸国（ガボン，ベニン，レソト），キリバス，やソロモン諸島といった国々では，十分な所得がないために，国際粗糖価格の上昇に伴い，国内消費量が減少することが考えられる。

附属1:パラメータ推計値

表6-8 パラメータ推計値

| 弾性値 | a1 | a2 | a3 | a4 | a5 | a6 |
|---|---|---|---|---|---|---|
| 被説明変数 | 収穫面積 | 収穫面積 | 収穫面積 | 収穫面積 | 収穫面積 | 収穫面積 |
| 説明変数 | 成長率 | 国内さとうきび価格 | 成長率 | 国内ビート価格 | 国内代替価格 | さとうきび生産者価格 |
| ブラジル | 0.0100 | 0.3259 | — | — | — | — |
| 米国 | 0.0050 | — | 0.0010 | — | −0.1173 | 0.2443 |
| EU15 | 0.0092 | 0.5073 | 0.0052 | 0.2711 | −0.1667 | — |
| 豪州 | 0.0080 | — | — | — | — | 0.2951 |
| メキシコ | 0.0060 | — | — | — | — | 0.1593 |
| 日本 | 0.0010 | 0.3338 | 0.0050 | 0.2163 | — | — |
| インド | 0.0110 | — | — | — | — | 0.2754 |
| 中国 | 0.0060 | — | 0.0211 | — | −0.3269 | 0.3839 |
| ACP諸国 | 0.0328 | — | — | — | — | — |
| タイ | 0.0150 | — | — | — | — | 0.3257 |
| 旧ソ連地域 | 0.0380 | — | — | — | — | — |
| その他世界 | 0.0245 | — | — | — | — | — |

| 弾性値 | a13 | a14 | a15 | a16 | a17 | a18 |
|---|---|---|---|---|---|---|
| 被説明変数 | 1人当たり砂糖需要量 | 1人当たり砂糖需要量 | 1人当たり砂糖需要量 | 1人当たり砂糖需要量 | 1人当たり砂糖需要量 | 砂糖輸出量 |
| 説明変数 | 国内砂糖価格 | 1人当たり所得 | 砂糖生産者価格 | 砂糖輸入価格 | 砂糖消費者価格 | 成長率 |
| ブラジル | −0.2443 | 0.2513 | — | — | — | 0.0150 |
| 米国 | — | 0.1620 | −0.3470 | — | — | 0.0130 |
| EU15 | −0.2932 | 0.2478 | — | — | — | — |
| 豪州 | — | 0.3007 | — | — | −0.2853 | — |
| メキシコ | — | 0.1858 | — | −0.0729 | — | — |
| 日本 | −0.0554 | 0.1543 | — | — | — | −0.0020 |
| インド | — | — | — | −0.2414 | — | — |
| 中国 | — | 0.2738 | — | — | — | 0.0450 |
| ACP諸国 | — | 0.3785 | — | — | — | — |
| タイ | — | 0.2172 | — | — | — | — |
| 旧ソ連地域 | — | 0.3786 | — | — | — | 0.0020 |
| その他世界 | — | — | — | — | — | 0.0300 |

| 弾性値 | a25 | a26 | a27 | a28 | a29 | a30 |
|---|---|---|---|---|---|---|
| 被説明変数 | 砂糖輸入量 | 砂糖期末在庫量 | 砂糖期末在庫量 | 砂糖期末在庫量 | 砂糖期末在庫量 | 砂糖期末在庫量 |
| 説明変数 | 国内砂糖価格（輸入制限） | 成長率 | 砂糖生産量 | 国内砂糖価格 | 国際粗糖・白糖価格 | 砂糖生産者価格 |
| ブラジル | — | 0.0010 | 0.1386 | −0.2320 | — | — |
| 米国 | — | 0.0010 | 0.1989 | −0.2551 | — | −0.1185 |
| EU15 | 0.6057 | −0.0050 | 0.1989 | −0.2551 | — | — |
| 豪州 | — | −0.0070 | 0.2555 | — | −0.3068 | — |
| メキシコ | — | −0.0270 | 0.1514 | — | — | −0.1522 |
| 日本 | — | −0.0001 | — | −0.1039 | — | — |
| インド | — | −0.0090 | 0.1713 | — | — | −0.1785 |
| 中国 | — | 0.0150 | — | — | — | — |
| ACP諸国 | — | −0.0010 | 0.1456 | — | −0.2026 | — |
| タイ | — | 0.0150 | 0.1987 | — | — | −0.2748 |
| 旧ソ連地域 | — | −0.0200 | — | — | −0.2017 | — |
| その他世界 | — | — | — | — | — | — |

注:"—"は該当国・地域には適用されないことを意味する。

第6章 ブラジルにおけるバイオエタノールの影響分析

| a7 | a8 | a9 | a10 | a11 | a12 |
|---|---|---|---|---|---|
| 収穫面積 | 収穫面積 | 単収 | 単収 | 砂糖生産量 | 1人当たり砂糖需要量 |
| ビート生産者価格 | 国際粗糖・白糖価格 | さとうきび技術変化率 | ビート技術変化率 | 砂糖抽出・技術変化率 | 成長率 |
| ― | ― | 0.0110 | ― | 0.0130 | 0.0010 |
| 0.2092 | ― | 0.0034 | 0.0015 | 0.0016 | 0.0025 |
| ― | ― | 0.0099 | 0.0095 | 0.0010 | -0.0010 |
| ― | ― | 0.0022 | ― | 0.0009 | 0.0150 |
| ― | ― | 0.0060 | ― | 0.0051 | -0.0050 |
| ― | ― | -0.0001 | -0.0001 | -0.0080 | 0.0020 |
| ― | ― | 0.0032 | ― | 0.0036 | 0.0290 |
| ― | ― | 0.0076 | 0.0163 | 0.0015 | 0.0100 |
| ― | 0.2933 | ― | ― | ― | -0.0010 |
| ― | ― | 0.0257 | ― | -0.0010 | 0.0300 |
| ― | 0.2360 | ― | 0.0265 | -0.0010 | 0.0200 |
| ― | 0.2933 | ― | ― | ― | -0.0010 |

| a19 | a20 | a21 | a22 | a23 | a24 |
|---|---|---|---|---|---|
| 砂糖輸出量 | 砂糖輸出量 | 砂糖輸入量 | 砂糖輸入量 | 砂糖輸入量 | 砂糖輸入量 |
| 国際粗糖・白糖価格 | 国内砂糖価格 | 成長率 | 砂糖輸入価格 | 国内砂糖価格 | 国際粗糖価格 |
| 0.3718 | -0.7081 | 0.0040 | -0.3641 | 0.2405 | ― |
| 0.4978 | ― | ― | ― | ― | ― |
| ― | ― | 0.0360 | ― | 0.1287 | -0.2333 |
| ― | ― | 0.0030 | -0.1130 | ― | ― |
| ― | ― | 0.0151 | -0.1109 | ― | ― |
| ― | -0.3346 | ― | ― | ― | ― |
| ― | ― | 0.0092 | -0.1968 | ― | ― |
| 0.3112 | ― | ― | ― | ― | ― |
| ― | ― | 0.0010 | -0.3152 | ― | ― |
| ― | ― | 0.0150 | -0.1130 | ― | ― |
| 0.1753 | ― | ― | ― | ― | ― |
| 0.278641 | ― | ― | ― | ― | ― |

| a31 | a32 | a33 | T | | |
|---|---|---|---|---|---|
| 砂糖期末在庫量 | 砂糖期末在庫量 | 生産者価格 | 輸入価格 | | |
| 砂糖需要量 | 砂糖輸入価格 | 生産者価格伝達係数 | 関税率（従価税） | | |
| ― | ― | ― | 0.3500 | | |
| -0.1091 | ― | 0.2799 | 0.2580 | | |
| ― | ― | ― | ― | | |
| ― | ― | 0.8619 | 0.0800 | | |
| ― | ― | 0.5694 | 1.5600 | | |
| ― | ― | ― | ― | | |
| ― | ― | 0.4246 | 1.5000 | | |
| 0.2158 | -0.1633 | 0.3141 | 0.3000 | | |
| ― | ― | ― | 0.4000 | | |
| ― | ― | 0.8619 | 0.9400 | | |
| 0.1844 | ― | ― | ― | | |
| ― | ― | ― | ― | | |

## 附属2　ベースライン予測

### 表6-9　外生変数

| | 単位 | 出典 | 2003年 | 2015年（予測） |
|---|---|---|---|---|
| 国際原油価格 | ドル（米国）/バレル | Energy Information Administration, U.S. Department of Energy (2006a) | 31.72 | 47.79 |
| 国内砂糖価格（EU15） | ユーロ/トン | Reference price, white sugar, OECD-FAO (2006) | 632.0 | 404.0 |
| 国内砂糖価格（日本） | 1,000円/トン | Minimum stabilisation price, raw sugar, OECD-FAO (2006) | 152.0 | 152.0 |
| 小麦生産者価格（米国） | ドル（米国）/ブッシェル | Farm Price, USDA(2006c) | 3.40 | 3.55 |
| とうもろこし生産者価格（米国） | ドル（米国）/ブッシェル | Farm Price, USDA(2006c) | 2.42 | 2.60 |
| 穀物生産者価格（EU15） | ユーロ/トン | OECD-FAO (2006) | 101.00 | 101.00 |
| とうもろこし生産者価格（中国） | 中国元/トン | Maize free markets price, OECD-FAO (2006) | 1,232.86 | 1,599.38 |

### 表6-10　砂糖価格（内生変数）

| | 単位 | 出典 | 2003年 | 2015年（予測） |
|---|---|---|---|---|
| 国際粗糖価格 | セント（米国）/ポンド(lb) | New York, contract No.11-f.o.b.stowed Caribbean port, including Brazil, bulk spot price, USDA-ERS (2006) | 7.51 | 10.00 |
| 国際白糖価格 | セント（米国）/ポンド(lb) | London No.5, for refined sugar, f. o. b. Europe, spot, USDA-ERS (2006) | 9.70 | 12.30 |
| 国内砂糖価格（ブラジル） | レアル/袋（50kg積） | Crystal sugar price, USP/ESALQ/CEPEA, USDA-FAS (2007a) | 25.90 | 22.36 |
| 国内砂糖価格（米国） | 1982年平均=100 | Sugar producer price, USDA-ERS (2006) | 109.6 | 118.9 |
| 国内砂糖価格（インド） | 1990年平均=1 | Non-centifugal sugar producer price, OECD-FAO (2006) | 620.0 | 620.0 |
| 国内バイオエタノール価格（ブラジル） | レアル/1,000リットル | Fuel anhydrous ethanol price, USP/ESALQ/CEPEA, USDA-FAS (2007a) | 602.90 | 684.40 |

第6章 ブラジルにおけるバイオエタノールの影響分析

### 表6-11 砂糖生産量の推移

(粗糖換算,千トン)

| | 1990年 | 2003年 | 2009年<br>(予測値) | 2015年<br>(予測値) | 年平均増加率<br>(1990/2003) | 年平均増加率<br>(2004/2015) |
|---|---|---|---|---|---|---|
| 世界 | 110,646 | 149,752 | 156,715 | 177,280 | 2.2% | 1.7% |
| ブラジル | 7,935 | 26,400 | 29,875 | 38,316 | 9.0% | 3.1% |
| 米国 | 6,344 | 8,118 | 8,248 | 8,381 | 1.8% | 0.2% |
| EU15 | 17,982 | 16,348 | 13,860 | 11,638 | -0.7% | -2.6% |
| 豪州 | 3,681 | 5,461 | 5,106 | 5,407 | 2.9% | 0.2% |
| メキシコ | 3,278 | 5,442 | 5,585 | 6,006 | 3.7% | 0.9% |
| 日本 | 929 | 965 | 953 | 963 | 0.3% | 0.0% |
| インド | 11,757 | 22,140 | 27,037 | 32,890 | 4.6% | 3.1% |
| 中国 | 6,880 | 11,054 | 11,343 | 13,162 | 3.4% | 1.8% |
| ACP諸国 | 5,857 | 11,233 | 9,739 | 9,755 | 4.8% | -0.7% |
| タイ | 3,506 | 7,670 | 8,039 | 9,161 | 5.8% | 1.4% |
| 旧ソ連地域 | — | 4,423 | 5,477 | 6,908 | — | 3.6% |

(資料) 1990及び2003年についてはFAOSTAT (FAO 2006)。2009年及び2015年については本研究による予測。
(注) 1. 本章では2004年より2015年にかけて予測を行ったが,簡略化のため,中間時点と最終時点のみ記載。
　　2. 表6-12,表6-13,表6-14についても資料と注は同様である。

### 表6-12 砂糖需要量の推移

(粗糖換算,千トン)

| | 1990年 | 2003年 | 2009年<br>(予測値) | 2015年<br>(予測値) | 年平均増加率<br>(1990/2003) | 年平均増加率<br>(2004/2015) |
|---|---|---|---|---|---|---|
| 世界 | 108,880 | 138,113 | 155,835 | 176,868 | 1.7% | 1.7% |
| ブラジル | 6,950 | 9,695 | 12,091 | 14,559 | 2.4% | 2.5% |
| 米国 | 7,904 | 9,478 | 10,382 | 11,380 | 1.3% | 1.3% |
| EU15 | 12,916 | 14,782 | 16,517 | 16,114 | 1.0% | 0.8% |
| 豪州 | 937 | 1,228 | 1,242 | 1,284 | 1.9% | 0.4% |
| メキシコ | 4,336 | 5,275 | 5,689 | 5,894 | 1.4% | 0.6% |
| 日本 | 2,780 | 2,338 | 2,400 | 2,420 | -1.2% | 0.2% |
| インド | 10,991 | 19,160 | 23,013 | 27,557 | 4.0% | 2.9% |
| 中国 | 7,947 | 10,694 | 13,313 | 16,124 | 2.1% | 3.1% |
| ACP諸国 | 4,541 | 10,491 | 11,608 | 12,495 | 6.2% | 1.0% |
| タイ | 1,058 | 2,028 | 2,290 | 2,553 | 4.8% | 1.7% |
| 旧ソ連地域 | — | 10,436 | 11,485 | 11,980 | — | 1.0% |

### 表6-13 砂糖輸出量の推移

(粗糖換算,千トン)

| | 1990年 | 2003年 | 2009年<br>(予測値) | 2015年<br>(予測値) | 年平均増加率<br>(1990/2003) | 年平均増加率<br>(2004/2015) |
|---|---|---|---|---|---|---|
| 世界 | 30,576 | 45,917 | 46,915 | 56,034 | 2.9% | 1.4% |
| ブラジル | 1,630 | 13,450 | 17,693 | 23,674 | 16.3% | 3.9% |
| 米国 | 516 | 161 | 132 | 125 | -8.0% | 0.0% |
| EU15 | 7,696 | 8,281 | 2,348 | 1,570 | 0.5% | -11.8% |
| 豪州 | 2,858 | 3,303 | 3,933 | 4,235 | 1.0% | 1.5% |
| メキシコ | 11 | 218 | 142 | 351 | 24.0% | 8.4% |
| 日本 | 8 | 4 | 4 | 4 | -5.8% | 0.0% |
| インド | 27 | 1,285 | 3,960 | 5,256 | 31.8% | 4.2% |
| 中国 | 636 | 312 | 404 | 568 | -5.0% | 6.0% |
| ACP諸国 | 2,787 | 5,293 | 2,971 | 1,789 | 4.7% | -7.9% |
| タイ | 2,435 | 5,408 | 5,747 | 6,623 | 5.9% | 1.6% |
| 旧ソ連地域 | — | 1,353 | 1,366 | 1,444 | — | 1.2% |

### 表6-14 砂糖輸入量の推移

(粗糖換算,千トン)

| | 1990年 | 2003年 | 2009年<br>(予測値) | 2015年<br>(予測値) | 年平均増加率<br>(1990/2003) | 年平均増加率<br>(2004/2015) |
|---|---|---|---|---|---|---|
| 世界 | 29,646 | 41,966 | 46,915 | 56,034 | 2.5% | 1.4% |
| ブラジル | 2 | 6 | 6 | 5 | 7.3% | -1.8% |
| 米国 | 1,906 | 1,772 | 2,272 | 3,129 | -0.5% | 5.1% |
| EU15 | 4,224 | 5,354 | 5,367 | 5,981 | 1.7% | 0.4% |
| 豪州 | 21 | 39 | 46 | 52 | 4.5% | 1.7% |
| メキシコ | 1,934 | 228 | 227 | 221 | -14.2% | -0.7% |
| 日本 | 1,717 | 1,483 | 1,451 | 1,461 | -1.0% | 0.4% |
| インド | 13 | 84 | 89 | 90 | 14.3% | -0.3% |
| 中国 | 1,160 | 1,548 | 2,438 | 3,591 | 2.1% | 9.5% |
| ACP諸国 | 1,508 | 4,788 | 4,839 | 4,501 | 8.6% | -1.8% |
| タイ | 0 | 7 | 9 | 10 | 32.5% | 1.6% |
| 旧ソ連地域 | — | 7,902 | 7,315 | 6,460 | — | -1.4% |

表6-15 ブラジルバイオエタノール需給の推移

(単位:1,000キロリットル)

| | 1990年 | 2003年 | 2009年<br>(予測値) | 2015年<br>(予測値) | 年平均増加率<br>(1990/2003) | 年平均増加率<br>(2004/2015) |
|---|---|---|---|---|---|---|
| 生産量 | 12,028 | 14,470 | 21,266 | 28,496 | 0.4% | 3.9% |
| 需要量 | 12,676 | 13,709 | 20,325 | 27,226 | -0.1% | 3.9% |
| 輸出量 | 30 | 767 | 947 | 1,274 | 28.4% | 3.0% |
| 輸入量 | 678 | 6 | 6 | 5 | -36.1% | -0.9% |

(資料)1990及び2003年については「Brazilian Energy Balance」(Ministerio de minas e Energia 2005)。
2009及び2015年については本研究による予測。
(注)本章では2004年より2015年にかけて予測を行ったが、簡略化のため、中間時点と最終時点のみ記載。需要量については、在庫量相当分を調整した値。

## 第6章 ブラジルにおけるバイオエタノールの影響分析

### 附属3：主要パラメータ推計式

〈砂糖〉
さとうきび収穫面積（ブラジル）
$$\log \text{AHSC}_t = (1 + 0.0100) * \log \text{AHSC}_{t-1} + 0.3259 * \log(\text{DPS}_{t-1}/\text{DPS}_{t-2})$$
$$(1.7796)$$
$$R^2 = 0.2649, n = 9 (\text{From 1992 to 2000})$$

さとうきび収穫面積（タイ）
$$\log \text{AHSC}_t = (1 + 0.0150) * \log \text{AHSC}_{t-1} + 0.3257 * \log(\text{PPSC}_{t-1}/\text{PPSC}_{t-2})$$
$$(1.8646)$$
$$R^2 = 0.8773, n = 14 (\text{From 1987 to 2000})$$

てんさい収穫面積（EU15）
$$\log \text{AHSB}_t = (1 + 0.0052) * \log \text{AHSB}_{t-1} + 0.2711 * \log(\text{DPS}_{t-1}/\text{DPS}_{t-2}) -$$
$$(1.9264)$$
$$0.1667 * (\text{PPC}_{t-1}/\text{PPC}_{t-2})$$
$$(-0.4677)$$
$$R^2 = 0.6824, n = 8 (\text{From 1993 to 2000})$$

てんさい収穫面積（米国）
$$\log \text{AHSB}_t = (1 + 0.0010) * \log \text{AHSB}_{t-1} + 0.2092 * \log(\text{DPS}_{t-1}/\text{DPS}_{t-2}) -$$
$$(2.9309)$$
$$0.1173 * \log(\text{PPM}_{t-1}/\text{PPM}_{t-2}) - 0.0121 * \log(\text{PP}_{w,t-1}/\text{PP}_{w,t-2})$$
$$(-0.4863) \qquad (-0.4447)$$
$$R^2 = 0.6816, n = 16 (\text{From 1985 to 2000})$$

1人当たり砂糖需要量（ブラジル）
$$\log \text{PQCS}_t = (1 + 0.0010) * \log \text{PQCS}_{t-1} - 0.2443 * \log(\text{DPS}_t/\text{DPS}_{t-1}) +$$
$$(-0.5910)$$
$$0.2513 * \log(I_t/I_{t-1})$$
$$(1.4001)$$
$$R^2 = 0.6952, n = 19 (\text{From 1982 to 2000})$$

1人当たり砂糖需要量（EU15）
$$\log \text{PQCS}_t = (1 - 0.0010) * \log \text{PQCS}_{t-1} + 0.2478 * \log(I_t/I_{t-1}) -$$
$$(1.3386)$$
$$0.2932 * \log(\text{DPS}_t/\text{DPS}_{t-1})$$
$$(-2.2454)$$
$$R^2 = 0.8223, n = 23 (\text{From 1978 to 2000})$$

１人当たり砂糖需要量（米国）

$$\log PQCS_t = (1 + 0.0025) * \log PQCS_{t-1} + 0.1620 * \log(I_t/I_{t-1}) -$$
$$(0.4921)$$
$$0.3470 * \log(DPS_t/DPS_{t-1})$$
$$(-2.0164)$$

$R^2 = 0.6875$, n = 15(From 1986 to 2000)

砂糖輸出量（ブラジル）

$$\log EXS_t = (1 + 0.0150) * \log EXS_{t-1} + 0.3718 * \log(WRP_t/WRP_{t-1}) -$$
$$(0.9964)$$
$$0.7080 * \log(DPS_t/DPS_{t-1})$$
$$(-1.7959)$$

$R^2 = 0.8473$, n = 9(From 1992 to 2000)

ACP特恵輸入量（EU15）

$$\log IMS1_t = (1 + 0.0360) * \log IMS1_{t-1} - 0.23322 * \log(WRP_t/WRP_{t-1}) +$$
$$(-0.1421)$$
$$0.12867 * \log(DPS_t/DPS_{t-1})$$
$$(0.4046)$$

$R^2 = 0.2950$, n = 7(From 1994 to 2000)

その他輸入量（EU15）

$$\log IMS2_t = (1 + 0.0120) * \log IMS2_{t-1} - 0.6057 * \log(WRP_t/WRP_{t-1})$$
$$(-0.2523)$$

$R^2 = 0.9062$, n = 6(From 1995 to 2000)

砂糖輸入量（日本）

$$\log IMS_t = (1 + 0.0210) * \log IMS_{t-1} + 0.4972 * \log(DPS_t/DPS_{t-1})$$
$$(1.6951)$$

$R^2 = 0.5092$, n = 11(From 1990 to 2000)

〈バイオエタノール〉

１人当たりバイオエタノール需要量（ブラジル）

$$\log PQCE_t = (1 - 0.042) * \log PQCE_{t-1} - 0.3707 * \log(DPE_t/DPE_{t-1}) +$$
$$(-2.5539)$$
$$0.2956 * \log(I_t/I_{t-1})$$
$$(0.6178)$$

$R^2 = 0.9585$, n = 11(From 1990 to 2000)

## 第6章　ブラジルにおけるバイオエタノールの影響分析

バイオエタノール輸出量（ブラジル）

$$\log \text{EXE}_t = (1 + 0.0180)^* \log \text{EXE}_{t-1} + 0.3175^* \log(\text{WEP}_t/\text{WEP}_{t-1}) -$$
$$(1.6774)$$
$$0.7047^* \log(\text{DPE}_t/\text{DPE}_{t-1})$$
$$(-3.4759)$$

$$R^2 = 0.4902, n = 10 (\text{From 1991 to 2000})$$

（注）各弾性値の下の数字はt値を表す。

終　章

# バイオエタノール政策の国際的展開と
# 国際食料需給に与える影響についての考察


## 第1節　各章の総括

　まず，第1章では，世界最大のバイオエタノール生産国となった米国を対象に，とうもろこしを原料とするバイオエタノール政策の展開方向と原料であるとうもろこしの需給に与える影響について論じた。特に，「2005年エネルギー政策法」による再生可能燃料基準の義務目標の設定，連邦政府の目標とは別にバイオエタノール最低使用基準を設置する州の増加，ガソリン価格の上昇により今後もバイオエタノール需要は増大することに触れた。米国ではこれまで，高水準の生産量を達成してきたが，今後も増大が予想されるバイオエタノール需要量を満たしていくことや，世界最大のとうもろこし輸出国として輸出量を維持していくために，過去最高水準のとうもろこし生産量を維持し続けていかなければならないことを意味する。しかしながら，今後の天候変動により生産量が停滞する場合は，生産量の伸びが需要量の伸びを下回り，輸出量が減少する可能性もある。この世界最大のとうもろこし輸出国における輸出量の減少は，国際とうもろこし需給にも大きな影響を与え，国際とうもろこし価格の上昇を招く可能性がある。

　第2章では，世界最大のバイオエタノール輸出国であるブラジルを対象に，ブラジルにおけるバイオエタノールの生産力を規定する要因を明らかにした

上で，ブラジルにおけるバイオエタノールの輸出拡大を核とする政策が食料需給に及ぼす影響および農業開発を通じた環境に与える影響について考察を行った。

1930年代からさとうきびを原料としたバイオエタノールのガソリンへの混合が行われてきたブラジルでは，第1次石油危機を契機に自動車燃料用としてのバイオエタノールの生産・普及を促進する国家計画としての「プロアルコール政策」が推進され，世界最大のバイオエタノール輸出国となった。今後，ブラジルでは「フレックス車」の増加による国内バイオエタノール需要量の増加やバイオエタノールの輸出拡大政策を行っていくとともに，砂糖についても輸出量の増加を図っていく方針である。ブラジルではさとうきびからのバイオエタノール生産および砂糖生産への配分比率に関しては両者の相対価格で決定されており，バイオエタノールと砂糖は競合関係にあるといえる。

ブラジルでは今後，バイオエタノールおよび砂糖の両方を増産することが求められている。このため，ブラジルではさとうきびの増産を図るため，政府ではさとうきび作付面積の拡大を計画している。これはブラジルでは未だに「フロンティア」地域が存在し，国内における耕作可能土地面積が豊富に存在する状況下で，十分可能な計画である。しかしながら，サン・パウロ州におけるさとうきび単作化やセラード地域におけるさとうきび増産は土壌浸食，土壌塩類集積，水質汚染等といった環境に更なる悪影響を与える可能性がある。

第3章では世界第3位のバイオエタノール生産国である中国，第4位の生産国であるインド，そしてEUおよびタイを対象にバイオエタノール政策の現状と課題について考察を行った。まず，中国では，2002年からとうもろこしを主原料とするバイオエタノールの生産・普及が5省全地域および4省の27都市で実施されている。中国政府はエネルギー安全保障および環境対策の観点から，今後もバイオエタノールの生産および政策推進地域を拡大するこ

終章　バイオエタノール政策の国際的展開と国際食料需給

とが予想される。石油需要量が急速に拡大する状況の下で，バイオエタノールを普及させることは中国のエネルギー不足を緩和し，石油時代を引き延ばすことが出来る点で中国の「エネルギー安全保障」にとって重要であるとともに環境問題の改善も期待出来る。その一方で，劣化食料である「陳化糧」以外のとうもろこしが原料として使用されていく局面でのバイオエタノール政策の推進はバイオエタノール需要量と飼料用需要量との間に新たな競合関係を生じさせている。

　このため，国家発展改革委員会では，バイオエタノール向け需要量の拡大による食料市場への影響を緩和するため2006年12月にとうもろこしを原料とするバイオエタノール生産の拡大を規制し，今後，キャッサバを原料とするバイオエタノール生産を拡大する方針を示した。しかしながら，中央政府からの認可を受けていないバイオエタノール製造業者がこの決定に従うか否かは現時点では不明であることに加え，キャッサバからのバイオエタノール生産拡大は，原料の確保や効率的生産・大量生産を行うための技術的課題もある。このように，国家発展改革委員会の方針どおり，バイオエタノール向け需要量の拡大を規制出来るか否かは現段階では未知数である。今後も，増大が予想されるバイオエタノール需要に対応していくために，とうもろこしからのバイオエタノール生産の拡大が今後も続くことになる場合は，原料である国内とうもろこし需給および貿易に大きな影響を与えるのみならず，国際とうもろこし需給にも影響を与える可能性がある。

　インド，タイでは両国政府によりバイオエタノール生産の振興・普及の拡大が積極的に行われているものの，インドでは原料の調達確保に加えて，バイオエタノールの流通の整備や支援措置といった課題，タイでは原料の調達確保といった課題も残されている。しかしながら，インド，タイがこれらの問題点を解決した場合は，各国におけるバイオエタノール政策が拡大し，各原料農産物（インドでは糖蜜，タイではキャッサバおよび糖蜜）の需給に影響を与える可能性がある。また，EUでも地球温暖化対策として積極的にバ

イオ燃料の導入・普及を進めている。EUでは今後もバイオディーゼルがバイオ燃料の主流であることは変わらないが，バイオエタノール生産もフランスを中心に増加傾向にあるため，原料である農産物需給にも影響を与え，食料および飼料との競合が発生する可能性もある。

　第4章では，日本を対象にしたバイオエタノール政策の現状と課題について考察を行った。日本では，京都議定書で締結した温室効果ガス排出削減目標達成のために，輸送用バイオマス燃料の導入・推進の重要性が認識され，輸送用バイオエタノールの重要性や導入の道筋を描いた「バイオマス・ニッポン総合戦略」が推進されている。日本では，バイオエタノール導入を推進するため，関係府省が連携して，各地域でバイオエタノールの製造とバイオエタノール3％混合ガソリン（E3）の流通・利用に係る実証事業が展開されている。しかしながら，日本では国内におけるバイオエタノール生産コストが高いことやガソリン税の減免措置のような経済的インセンティブに欠けていることといったようにバイオエタノール普及・供給に関しては課題がある。

　今後，日本では，中長期的な観点からこれらの課題の解決を目指した上で，2030年頃には大幅なバイオ燃料の生産拡大の実現に努めていくものの，当面は，輸入に相当部分を依存せざるを得ない状況が考えられる。しかし，日本が輸出余力のあるブラジルからバイオエタノールを大量輸入することは国際砂糖需給への影響といった問題が考えられる。

　第5章では，第1章で論じた米国におけるバイオエタノール政策の拡大，第4章で論じた中国におけるバイオエタノール政策の拡大が，国際とうもろこし需給に与える影響について部分均衡需給予測モデルを用いた試算を行った。第5章では，まず，新しく開発した世界主要11ヶ国・地域を対象とする「世界とうもろこし需給予測モデル」を用いて，2015/16年度までの世界主要11ヶ国・地域を対象に平年並みの天候や現行の農業・バイオエタノール政策

が推進されることを前提として，とうもろこしの生産量，需要量，輸出量，輸入量，期末在庫量，価格についてベースライン予測を行った。

このベースライン予測に対して，2007/08年度からの米国におけるバイオエタノール最低使用基準導入州の増加を想定したシナリオ1,2007/08年度からの中国におけるバイオエタノール政策の拡大を想定したシナリオ2,シナリオ1の米国におけるバイオエタノール最低使用基準導入州の増加，シナリオ2の中国におけるバイオエタノール政策の拡大が両国で同時に実施される場合を想定したシナリオ3を設定した。

モデル分析の結果から，米国・中国におけるバイオエタノール政策が拡大する全てのシナリオは，米国・中国の国内とうもろこし需給のみならず国際とうもろこし需給および国際とうもろこし価格にも甚大な影響を与えることが結論として導き出された。また，国際とうもろこし需給・価格に与える影響では，米国のバイオエタノール政策の拡大を想定したシナリオ1は，中国のバイオエタノール政策が拡大するシナリオ2よりも影響が大きく，米国と中国のバイオエタノール政策が同時に拡大するシナリオ3では国際とうもろこし価格は9.8%上昇することが予測された。また，米国国内におけるバイオエタノール政策の拡大に伴うバイオエタノール需要量の増加は米国の世界とうもろこし輸出シェアの縮小を意味する一方，米国および中国におけるバイオエタノール政策の拡大は国際とうもろこし価格の上昇を通じて，国際とうもろこし輸出市場におけるブラジル，アルゼンチンといった南米諸国のシェア拡大に寄与していくことが分析結果から得られた。

また，輸入国への影響では，中国のとうもろこし輸入量が増加し，とうもろこしの純輸出国である中国が純輸入国となって国際とうもろこし需給に影響を与えている。また，日本のとうもろこし輸入への影響は小さいが，シナリオ1,3では韓国の輸入にも影響を与える点が結論として導き出された。以上より，今後の米国・中国におけるとうもろこしを原料としたバイオエタノール政策の展開は国際食料需給にもかなりの影響を与えると共に，食料とエネルギーとの競合が加速化され，とうもろこし輸入国の「食料安全保障」

にも影響する点は極めて重要である。

　第6章では，第2章で論じたブラジルのバイオエタノール輸出拡大政策と第4章で論じた日本のバイオエタノール政策の推進に伴うブラジルからのバイオエタノール輸入の拡大を対象に，日本がE3の普及に伴いブラジルからバイオエタノールを輸入した場合におけるブラジル国内の砂糖需給のみならず国際砂糖需給へ与える影響について部分均衡需給予測モデルを活用した試算を行った。第6章では，新しく開発した「世界砂糖需給予測モデル」を用いて，2015/16年度までの世界主要12ヶ国・地域を対象に平年並みの天候や現行の農業・バイオエタノール政策が推進されることを前提として，砂糖の生産量，需要量，輸出量，輸入量，期末在庫量，価格についてベースライン予測を行った。本モデルでは砂糖とバイオエタノールの需給関係がリンクしていることが大きな特徴である。

　ベースライン予測に対して，日本において2012年からE3の全国的普及が行われ，その全量がブラジルからの輸入で賄われるケースをシナリオとして設定した。その結果，日本がブラジルからバイオエタノールを輸入した場合，ブラジル国内のバイオエタノール価格が上昇するのみならず世界最大の砂糖生産・輸出国であるブラジルの砂糖輸出量の減少を通じて国際粗糖価格の上昇を招き，国際砂糖需給にも一定の影響を与えることが結果として導き出された。この国際粗糖価格の上昇は，ブラジル，ACP諸国，タイ，豪州といった砂糖輸出国に利益を与える一方で，ブラジル国内の砂糖価格上昇による消費者への影響や砂糖を輸入に依存する低開発途上国にも影響を与えることが予測される。このため，日本がE3の普及に伴いブラジルからバイオエタノールを輸入することは国際粗糖価格の上昇というデメリットがあることを十分認識する必要がある。

## 第2節　バイオエタノール政策の社会的・経済的意義と政策的含意

　バイオエタノールの自動車燃料としての使用は、エネルギー問題，環境問題への対応から米国，ブラジル以外にも中国，インド，EU，タイ，日本をはじめ世界中で普及しており，今後，その拡大が予想される[1]。

　バイオエタノールの自動車燃料としての使用は，ガソリンの代替使用によるエネルギー自給率の向上，原油を輸入に依存している国の貿易収支の改善，カーボンニュートラルによる地球温暖化防止，一酸化炭素・二酸化硫黄といった大気汚染物質の削減，燃料としてのオクタン価向上，農業・農村の振興，地域における「循環型社会」の構築のための効果が期待出来る。

　米国および中国におけるバイオエタノール政策の拡大は，エネルギー不足を緩和し，石油時代を引き延ばすことが出来る点で「エネルギー安全保障」にとって重要であるとともに大気汚染をはじめとする環境問題の改善も期待出来る。また，原油輸入依存度の低下は，貿易収支の改善にも効果がある。これに加え，バイオエタノール政策の拡大は雇用拡大を通じた農村経済の活性化，農家の所得向上とこれに伴う農業プログラムの削減の効果も期待出来る。本書ではバイオエタノール政策の推進・拡大が原料である国際農産物需給に与える影響について「世界とうもろこし需給予測モデル」を用いて試算を行った結果，米国および中国におけるバイオエタノール政策の拡大は，国際とうもろこし価格上昇を通じて，南米のブラジル・アルゼンチンにおける生産量・輸出量増加を促し，世界とうもろこし輸出市場における南米のシェア拡大に寄与していく結果となった。

　また，ブラジルにおけるさとうきびを原料としたバイオエタノール政策の拡大は，ブラジルの原油輸入依存率の低下に寄与し，国産石油の増産も加わり，2006年度には石油の完全自給を達成し，国家計画である「プロアルコール」の当初の目的を達成した。このことはブラジルの貿易収支の改善や国内

の大気汚染改善にも寄与している。また，バイオエタノール政策の拡大は，砂糖に代替するバイオエタノールという「アグリビジネス」の一大市場を「創出」したことやこれによる国際粗糖価格低迷時におけるヘッジ機能という点でバイオエタノール・砂糖業者に利益を与えるのみならず，雇用拡大を通じた地域経済の活性化，農業開発促進の効果も期待される。

さらに，「世界砂糖需給予測モデル」を用いて，日本がE3普及に伴うブラジルからのバイオエタノール輸入の拡大・ブラジルのバイオエタノール輸出拡大が国内砂糖・バイオエタノール需給に与える影響について試算した。その結果，日本からのバイオエタノールの輸入拡大に起因するブラジルのバイオエタノール輸出の拡大は，国内バイオエタノール価格の上昇を通じて，さとうきびのバイオエタノール生産への配分割合が増大し，バイオエタノール供給量が増加する一方で，砂糖生産への配分が減少し，世界最大の砂糖生産国・輸出国であるブラジルの輸出量減少を通じて国際砂糖需給にも一定の影響を与えることが導き出された。その一方で，国際粗糖価格の上昇は，ブラジル，ACP諸国，タイおよび豪州といった砂糖輸出国に利益を与えることが予測される。

また，日本がブラジルからバイオエタノールを輸入することは，国産に比べて割安なバイオエタノールを購入することが出来る上，京都議定書で定められた温室効果ガス排出抑制目標の達成にも寄与出来ることが期待出来る。さらに，インド，タイ，EUにおいてもバイオエタノール政策の推進はエネルギー自給率の向上，環境問題の改善，農村地域経済の振興，農家所得の向上といった効果が期待出来る。

## 第3節　バイオエタノール政策の拡大に伴う国際食料需給への影響

バイオエタノール政策の導入に際してはこれらのようなメリットのみでなく，いくつかの問題点も抱えている。まず，バイオエタノールはブラジル

終章　バイオエタノール政策の国際的展開と国際食料需給

を除いてガソリンに比べて製造コストが高いことがあげられる[2]。また，バイオエタノールはガソリンとの親和性が低いことからガソリンに混合するにはコストがかかること[3]，エネルギーレベルが低いこと[4]，植物を主原料とするため供給に季節性があること[5]，天候により原料生産が安定しないこと，そしてブラジルの事例のように，環境対策として導入したバイオエタノール政策が，実は環境に対して負荷を与えるという側面もある点に注意が必要である。また，農産物残渣からバイオエタノールを製造する計画においても，収集コストが高いことに加えて，収集時の車両からの排出ガスの増加による$CO_2$排出量の増加により，全体のライフ・サイクル・アセスメントで考えた場合，より環境負荷が高まる可能性もある。このため，農産物残渣からバイオエタノールを製造するに当たっては全体の$CO_2$排出量収支を計測した上で，バイオエタノール生産を行うといった慎重な対応が必要である。

　さらに，バイオエタノール政策拡大の最大の問題点は，原料を農産物としている関係から食料と競合する点である。米国・中国におけるバイオエタノール政策の拡大が原料であるとうもろこしの国際需給に与える影響について「世界とうもろこし需給予測モデル」を用いて試算を行った結果，輸入国への影響では，中国のとうもろこし輸入量が増加し，とうもろこしの純輸出国であった中国が純輸入国となって国際とうもろこし需給に影響を与える結果となった。また，日本のとうもろこし輸入量への影響は小さいものの，韓国の輸入量にも影響を与える結果となった。

　米国および中国にとって，バイオエタノール政策を拡大していくことはエネルギー不足を緩和し，石油時代を引き延ばすことが出来るという点で「エネルギー安全保障」にとって重要であるとともに環境問題にも改善が期待出来る。また，原油輸入依存度の低下は，貿易収支の改善にも効果がある。これに加え，バイオエタノール政策の拡大は農村経済の活性化，農家の所得向上とこれに伴う政府からの農業プログラムの削減といった政策的効果も期待される。しかし，バイオエタノール政策の拡大は，原料を農産物としているため，食料とエネルギーとの競合を発生させるという大きな問題がある。米

国および中国におけるバイオエタノール政策の拡大は，バイオエタノール向けとうもろこし需要量の増加が価格上昇を通じて飼料用，食用，糖化用，その他工業用向け需要量を減少させることを意味する。また，両国におけるバイオエタノール政策の拡大は米国では世界に占めるとうもろこしの輸出シェアの縮小をもたらし，中国ではとうもろこしの純輸入国として輸入量が増加することになる。このことは国際とうもろこし需給にもかなりの影響を与えることを意味する。

バイオエタノール政策の拡大は国際とうもろこし価格の上昇を通じて食料輸入国へ影響を与えることが本書の分析結果から得られた。特に，国際とうもろこし価格の上昇は，とうもろこしを輸入に依存する開発途上国やとうもろこしを援助に依存する開発途上国の「食料安全保障」[6]に影響を与えることが考えられる[7]。このため，今後の米国・中国におけるとうもろこしを原料としたバイオエタノール政策の拡大は国際食料需給に影響を与え，とうもろこし輸入国の「食料安全保障」にも影響を及ぼす点は輸入とうもろこしの9割以上を米国に依存する日本にとって看過できない重要な問題である。

また，ブラジルから日本に対してのバイオエタノール輸出の拡大が国際砂糖需給に与える影響について「世界砂糖需給予測モデル」を用いて試算を行った結果，ブラジルから日本に対してのバイオエタノールの輸出拡大による国際粗糖価格上昇は，砂糖輸出国に利益を与える一方，ブラジル国内での砂糖価格上昇による国内砂糖需要量の減少も予測された。また，国際粗糖価格上昇は砂糖を輸入に依存する低開発途上国にも影響を与えることも考えられる。このため，日本においてバイオエタノールの普及を行うに当たって，当面は生産余力の大きいブラジルからの輸入に依存する計画は，国際砂糖需給にも一定の影響を与え，国際粗糖価格の上昇を通じて砂糖を輸入に依存する低開発途上国の食料安全保障にも影響を与える可能性がある[8]。そのためにも，日本がバイオエタノール政策を推進するに当たっては，食料と競合しない草本系・木質系といった国内の未利用資源を原料として可能な限り国内で生産していくことが必要である[9]。このため，今後，第2世代型の製造技術

の技術革新を実現し，実用化を進めていくことが日本のバイオ燃料生産拡大の鍵を握っているといっても過言ではない。ただし，その場合も全体のライフ・サイクル・アセスメントを踏まえて十分慎重に導入を進めていく必要がある。

以上のように，バイオエタノールの自動車燃料としての普及や生産の促進を行うバイオエタノール政策は，エネルギー問題，環境問題への対応から世界中で普及しており，今後，導入を行う国・地域の増加が予想される。特に，バイオエタノール政策の導入により，エネルギー自給率の向上，原油を輸入に依存している国の貿易収支の改善，大気汚染物質の削減，燃料としてのオクタン価向上，農業・農村の振興，地域における「循環型社会」の促進の効果が期待出来る。また，原料とする農産物価格の上昇を通じて一部の農産物純輸出国の輸出拡大にも寄与出来る。

しかしながら，バイオエタノール政策の拡大は，原料を農産物としているため，食料とエネルギーとの競合という重要な問題を発生させる。この問題は，生産国におけるエネルギー向けとそれ以外の用途向けとの競合を加速化させるとともに，輸出量の減少を通じて国際農産物需給にも影響を与える。国際農産物価格上昇は農産物の輸入国に影響を与え，特に，輸入に依存する開発途上国や援助に依存する開発途上国の「食料安全保障」に大きな影響を与えることが考えられる。一国・地域の政策として食料安全保障よりもエネルギー安全保障が優先された場合は，他の国・地域の食料安全保障にも影響し，人道的・倫理的な問題として「食料安全保障」が脅かされる可能性もある。以上のことは，現在，地球規模でエネルギーと食料の競合が加速化し[10]，食料輸入国や被援助国への「食料安全保障」にも影響する構造が出現しつつあることを意味する。

一方，EU，米国では中長期的に，さとうきびやとうもろこし等からのバイオエタノール等の「第1世代型バイオ燃料」からセルロース系バイオマスを原料としたバイオエタノールを中心とした「第2世代型バイオ燃料」に移行する方針を示している。「第2世代型バイオ燃料」は主として食用農産物

と競合しない資源を利用し，第1世代型に比べてより環境負荷が少ないというメリットがある。「第2世代型バイオ燃料」は世界的にも商業的実用段階には到達していないという課題はあるが，食料とエネルギーとの競合による食料需給への影響を緩和するとともに生産に当たって環境負荷の少ない資源を活用した「第2世代型バイオ燃料」を導入・普及させることに向けて，各国・地域が連携して技術開発を進めていくことが必要である。現段階では，「第2世代型バイオ燃料」に関する国際的な共同研究体制が整備されていないため，今後，国際的な枠組みの中で地球規模での「第2世代型バイオ燃料」の導入・普及に向けた共同研究を進めていくことが極めて重要である。

## 第4節　今後の課題

　本書では，各国におけるバイオエタノール政策の推進とその拡大が，食料とエネルギーとの競合を主とする課題について論じたが，最後に本書において十分検討出来なかった点について残された課題として述べておく。

　本研究では，バイオエタノールを対象としたが，バイオ燃料としてのバイオディーゼルはEUをはじめ，マレーシア，インドネシアでも普及が進んでいるのみならず，フィリピン，タイ，ブラジル，米国といった国々でも導入が進んでいる。また，その他の国でも導入の検討が行われている。バイオディーゼル普及拡大に伴う生産拡大による原料農産物への影響については，バイオエタノール同様に世界的な問題となりつつある。このため，バイオディーゼル導入・普及拡大に伴う国際農産物需給へ与える影響についても本書の続編として早急に研究を行う必要がある。

　また，石油・石油製品市場とバイオエタノールとの競合関係は重要な分析課題であり，本書では食料生産と石油・石油製品との複雑な関係については，一定の前提のもとで分析しているが相互の関連性についての更なる分析も今後の課題である。

　また，とうもろこしと砂糖の需給は直接，競合しないため，第5章および

終章　バイオエタノール政策の国際的展開と国際食料需給

第6章においてとうもろこしと砂糖の需給を別々に分析した。しかしながら，とうもろこしと砂糖需給は競合しないものの，本来であればとうもろこしと砂糖を統合化した分析が必要であるため今後の課題としてとうもろこしと砂糖の需給を統合したモデルの構築による分析を行うことが課題である。また，とうもろこしを原料とするコーンスターチ，異性化糖といった糖化製品は代替甘味料として，とうもろこしおよび砂糖需給ともリンクしているため，需要の価格弾力性さらには代替品への転換の分析を行い，糖化製品をこの統合したモデルに組み込むことも課題である。

さらに，本書ではバイオエタノール政策の推進が国際とうもろこしおよび国際砂糖需給に与える影響について分析を行ったが，国際農畜産物需給全体に与える影響について分析を行うことも課題である。第5章のモデル分析において，米国のバイオエタノール政策については州レベルのシナリオ分析を行ったが，連邦レベルにおける現行を超える更なる再生可能燃料基準によるシナリオ分析を行うことも今後の課題である。

第6章のモデル分析では，日本がE3の必要量を全てブラジルからの輸入に依存するケースをシナリオとして設定したが，日本では課題は多いものの，国産の未利用資源を中心にバイオエタノールの生産振興も計画されている。このため，今後の課題としては日本におけるバイオエタノールの供給量を予測した上で，ブラジルからのバイオエタノール輸入量が決定するようにシナリオ分析を行うことが必要である。また，国際粗糖価格の上昇が各生産国・地域の増産，輸出拡大のインセンティブによって，国際粗糖価格上昇による影響をどの程度，相殺する効果があるかを分析すること，低開発途上国へ与える影響についてより詳細に分析することも今後の課題である。

さらに，第2章のブラジルにおけるさとうきび増産に伴う環境面への負荷については，より詳細に各地域に与える影響を分析すること，第3章の中国およびその他の国・地域におけるバイオエタノール政策については更なる調査を行うことも今後の課題である。

注
1）今後のバイオエタノールの普及拡大には，今後の国際原油価格の水準や生産技術の向上といった要因が大きな鍵を握っている。
2）国際的な比較を行うと，米国におけるバイオエタノール生産コスト0.25ドル/リットル，中国の生産コスト0.44ドル/リットルは，ガソリン生産コストの22～31セント/リットルに比べて高い。なお，ブラジルの生産コストである20セント/リットルについては，ガソリン生産コストの22～31セント/リットル（Rotterdam regular gasoline priceの2005年9月平均値を使用）に比べても低く，ガソリン価格に対しても価格面での優位性を持っている。
3）バイオエタノール混合対応費用について環境省の試算によると，精油所での対応が590億円，油槽所での対応が1,680億円，給油所での対応が960億円，蒸気圧調整設備に90億円，合計3,320億円が必要である。なお，日本とほぼ同じ規模の年間ガソリン需要量を有するカリフォルニア州（約6,000万キロリットル）のバイオエタノール混合対応費用は200億円となる（再生可能燃料利用推進会議　2003）。
4）バイオエタノールはガソリンよりも発熱量が低く，ガソリン1リットルと同量の熱量を得るためにはE3では1.012リットルが必要となる。バイオエタノールについて発熱量当たりのガソリン税率を適用すると，E3の価格は99.8円/リットル，E3をガソリンと同量の発熱量と換算した価格では101円/リットルとなる（再生可能燃料利用推進会議　2003）。
5）これまで，農業の技術革新により，天候要因の緩和や供給の季節性の問題はある程度克服したものの，現在の技術にも限界があり，農業は天候要因や供給に季節性に左右されるという特性を有している。
6）「食料安全保障」とは，FAO（世界食糧農業機関）の定義では，「全ての人々が，いかなるときも，活発で健康的な生活をおくるために，その必要とする基本食料に対し，物理的にも経済的にもアクセス出来ることを保障されていること」を指す。
7）特に，アフリカではとうもろこしを主食としている国も多い。援助が額で決められているケースでは，とうもろこし単価の上昇は援助量の減少を意味する。また，援助が量で決められているケースでは，これは国内の期末在庫量から充当されているため，今後のバイオエタノール政策の推進に伴うとうもろこしの期末在庫量減少に伴い，援助量が減少することも考えられる。とうもろこし援助量の減少は被援助国の人々の生存に関わるといった人道的・倫理的な問題が懸念される。
8）ACP諸国のうち砂糖生産を行っていないガボン，ベニン，レソト，キリバス，ソロモン諸島等といった国々では，国際粗糖価格の上昇に伴い，消費が減退することが十分考えられる。また，砂糖は人間の生存に関わる「食料」では

終章　バイオエタノール政策の国際的展開と国際食料需給

ないが，どの国でも最低限必要とされる必需品である。このため，これは「食料安全保障」の概念に該当すると考える。
9）食料ではなく，食料生産とは競合しない林地残材，木くずや植物の茎といったセルロース系原料からバイオエタノールを生産していくことが望ましい。これまで，セルロースから糖に変換される分離過程では発酵阻害物質が生成されてしまい，糖をエタノールに変える微生物の活動に影響を及ぼし，変換効率が大幅に落ちる問題点があったが，(財)地球環境産業技術研究機構（RITE）と本田技術研究所では，阻害物質が微生物の増殖過程に影響を与えていることに着目し，菌体が増殖しなくても糖からバイオエタノールを生成出来るRITE菌（Corynebacterium glutamicum R）を開発した。この菌を十分に増殖させ，高密度にした反応槽を嫌気的条件にすると，糖から効率的にバイオエタノールを生産し，生成速度は従来手法の10倍に向上するのみならず，セルロースから無駄なくほぼ100％近い収率でバイオエタノールを製造出来ることを発表した（日経サイエンス　2006）。今後，この技術が実用段階になり，コストがガソリン製造コスト並に低減出来るかは未知数であるが，日本としてはこのようなセルロース原料からのバイオエタノール生産に重点を当てて，今後の研究を支援していくことが望まれる。
10）バイオエタノールの普及・生産は，エネルギー問題，環境問題への対応から米国とブラジル以外にも，中国，インド，タイ，EUをはじめ世界中で普及している。この他にも豪州，カナダ，コロンビア，南アフリカ，モザンビーク，韓国，メキシコ，フィリピンでも導入が検討されている。今後のエネルギー安全保障や環境問題への対応から，世界中でバイオエタノールの導入・普及が地球規模で進んでいるが，このことはこれまで以上に，食用として消費されてきた農作物がエネルギー供給向けに多く仕向けられることで，食用向けが不足するといった事態が今後世界規模で発生するものと考えられる。

　これまでは，食用向けが不足した場合は，他に供給余力のある国が代替的に供給することが可能であったが，世界の主要食料生産国および輸出国が世界で同時にバイオエタノール仕向け量を増加している状況下，食用向けが不足した場合の分を供給出来る国が少ないことが問題である。

# 引用文献

American Coalition for Ethanol (2006): *Status: 2006, ACE State by State Ethanol Handbook*, http://www.ethanol.org/EthanolHandbook2006.pdf.pdf.

Biofuels Research Advisory Council (2006): *Biofuels in the European Union —A Vision for 2030 and Beyond—*, Commission of the European Communities

バイオマス・ニッポン総合戦略推進会議 (2007) ：国産バイオ燃料の大幅な生産拡大 (2007年3月)

Bogorov, B.G. (1934): Seasonal Changes in Biomass of Calanus Finmarchicus in the Plymouth Area in 1930, *J. Marine Biological Association*, vol.XIX (No.1), p.585.

Bolling, C. and N.R. Suarez. (2002) : The Brazilian Sugar Industry: Recent Developments, *Sugar and Sweetener Situation & Outlook*, Economic Research Service, U.S. Department of Agriculture, pp.14-18.

Brazilian Automotive Industry Association (2006a): *Brazilian Automotive Industry Yearbook 2005*.

Brazilian Automotive Industry Association (2006b): *Vendas Atacado Mercado Interno por Tipo e Combustivel-2006*, http://www.anfavea.com.br/tabelas/autoveiculos/tabela11_vendas.xls

ブラジルからのエタノール輸入可能性に関する調査研究検討委員会 (2005) ：ブラジルからのエタノール輸入可能性に関する調査研究，経済産業省資源エネルギー庁委託調査。

Bryan, M. (1992) : Benefits to Illinois in Developing and Utilizing Ethanol Fuels, *National Corn Growers Association*.

Chainuvati, C. (2004) : Long Term Strategies to Support Production and Utilization of Biofuel and Ethanol in Thailand, *Pacific Ethanol & Biodiesel Conference & Expo II*.

茅野伸行 (2006)，小麦→トウモロコシ→大豆の玉突き高騰，エコノミスト，毎日新聞社，2006年11月14日号，p.80。

中国研究所編 (2004) ：中国年鑑2004, pp.55-58。

中華人民共和国国家統計局工業統計司編 (2004) ：中国能源統計年鑑2003。

中華人民共和国国家統計局編 (1992) ：中国統計年鑑1992。

中華人民共和国国家統計局編 (2004) ：中国統計年鑑2004。

Commission of the European Communities (2006) : *An EU Strategy for Biofuels*, COM 34.

Commission of the European Communities (2005) : *Comunication from the Commission*, SEC (2005) 1573.

大聖泰弘・三井物産㈱編 (2004) : バイオエタノール最前線, 工業調査会, p.17, 29-39, 43, 61 120。
DiPardo, J. (2003) : *Outlook for Biomass Ethanol Production and Demand*, Energy Information Administration, http://www.eia.doe.gov/oiaf/analysispaper/biomass.html.
エコ燃料利用推進会議 (2006) :輸送用エコ燃料の普及拡大について, 環境省エコ燃料利用推進会議。
EPA (Environmental Protection Agency), (2002): *A Comprehensive Analysis of Biodiesel Impacts on Exhaust Emmissions*, EPA420-P-02-001.
Evans, M.K. (1997) : The Economic Impacts of the Demand for Ethanol, *Midwestern Governors' Conference*, Northwestern University, Evanston, Illinois, pp.1-7.
FAO (Food and Agricultural Organization of the United Nations), (2006): *FAOSTAT*, http://faostat.fao.org/.
FAO (Food and Agricultural Organization of the United Nations),(2007): *FAOSTAT*, http://faostat.fao.org/.
Ferris, N.J. (2004) : Evaluating the Impacts of an Increase in Fuel-ethanol Demand on Agriculture and the Economy, *Selected Paper prepared for the Presentation at the American Agricultural Economics Association Annual Meeting*, Denver, Colorado.
F.O. Licht (2007): *F.O. Licht World Ethanol & Biofuels Report*, F.O. Licht.
FNP (2005) : *Agrianual 2006, Anuario da Agricultura Brasileira*, Agra FNP, p.186.
Fourin (2005):世界自動車統計年鑑2005, ㈱フォーイン。
Gallagher, P.W., D. Otto, H. Shapouri, J. Price, G. Schamel, M. Dikeman and H. Brubacker. (2001): The Effects of Expanding Ethanol Markets on Ethanol Production, Feed Markets, and the Iowa Economy, *A Report Submitted to the Iowa Department of Agriculture and Land Stewardship*.
Goldemberg, J. (1996) : The Evolution of Ethanol Costs in Brazil, *Energy Policy* 24(12), pp.1127-1128.
Higgins, M.L., L.H. Bryant., L.J. Outlaw and W.J. Richardson. (2006): Ethanol Pricing : Expansions and Interrelationships, *Selected Paper Prepared for presentation at the Southern Agricultural Economics Association Annual Meetings*, Orland Florida.
閣議決定 (2002) :バイオマス・ニッポン総合戦略 (2002年12月27日)。
閣議決定 (2005) :京都議定書目標達成計画 (2005年4月28日)。
閣議決定 (2006) :バイオマス・ニッポン総合戦略 (2006年3月31日)。
加藤信夫・竹中憲一 (2005):ブラジルにおける砂糖およびエタノールの生産・流

## 引用文献

通事情について，農畜産業振興機構，http://sugar.lin.go.jp/japan/fromalic/fa_0509d.htm.

経済産業省（2005）：総合エネルギー統計，経済産業省。

経済産業省（2006a）：新・国家エネルギー戦略，経済産業省，http://www.meti.go.jp/press/20060531004/senryaku-houkokusho-set.pdf.

経済産業省（2006b）：平成16年度エネルギー需給実績，経済産業省，http://www.enecho.meti.go.jp/info/statistics/index4.htm.

経済産業省（2007）：次世代自動車・燃料イニシアティブとりまとめ，経済産業省，http//www.meti.go.jp/press/20070528001/initiative_torimatome.pdf.

菊地一徳（1992）：コーン製品の知識，幸書房，pp.101, 139。

小泉達治（2006）：中国における燃料用エタノール推進計画の実態と課題—とうもろこし需給へ与える影響—，2005年度日本農業経済学会論文集，pp.521-528。

Koizumi, T. and K, Yanagishima. (2005): Impacts of the Brazilian Ethanol Program on the World Ethanol and Sugar Market. *The Japanese Journal of Rural Economics*, Volume 7, pp.61-77.

Koo, W.W. and R.D. Taylor. (2003): 2003 Outlook of the U.S. and World Sugar Markets, 2002-2012, *Agribusiness & Applied Economics Report*, No.518, pp.6-31.

Macedo, I.C. (2005): Sugar Cane's Energy, Sao Paulo Sugar Cane Agroindustry Union, pp.185-190.

McNew, K. and D. Griffith. (2005): Measuring the Impact of Ethanol Plants on local Grain Prices, *Review of Agricultural Economics* Vol.27, pp.164-180.

Ministerio da Agricultura, Pecuana e Abastecimento (2007), *Balanco Nacional da Cana-de-Acucar e Agroenergia*, Republica Federativa do Brazil.

Ministerio de Minas e Energia (2005): *Brazilian Energy Balanco 2005*. Ministerio de Minas e Energia, Brazil.

Ministry of Agriculture, Livestock and Food Supply (2005): *Sugar and Ethanol in Brazil*. Ministry of Agriculture, Livestock and Food Supply, Brazil.

Moreira, R.J. and J. Goldemberg. (1999): Alcohol program, *Energy Policy* 27 (4), pp.229-245.

Nalley, L. and D. Hudson. (2003): The Potential Viability of Biomass Ethanol as a Renewable Fuel Source, *Staff Report 2003-03*, Department of Agricultural Economics, Mississippi State University.

農林水産省大臣官房環境政策課（2006）：バイオ燃料をめぐる情勢，農林水産省，http://www.maff.go.jp/biomass/dpt/01/data02.pdf.

農林水産省大臣官房国際部国際政策課（2005）：農林水産物輸出入概況（2004年）：農林水産省，http://www.maff.go.jp/www/info/bun09.html.

農林水産省生産局畜産部畜産振興課，消費・安全局衛生管理課薬事・飼料安全室

(2005):飼料をめぐる情勢,農林水産省。
農林水産省総合食料局(2005):平成17年度食料需給表,農林水産省。http://www.kanbou.maff.go.jp/www/fbs/fbs-top.htm.
日経サイエンス編集部(2006):日経サイエンス,日本経済新聞社,2006年12月号,p.83。
OECD-FAO (Organisation for Economic Co-operation and Development, Food and Agricultural Organization of the United Nations), (2006): *OECD-FAO Agricultural Outlook 2005-2015*, OECD/FAO.
Otto, D., M. Imerman and L. Kolmer. (1991): Iowa's Ethanol and Corn Milling Industries: Economic and Employment Impacts. Staff Paper, Iowa State University, Department of Economics.
Paulson, D.N., A.B. Babcock., E.C. Hart and J.D. Hayes. (2004): Insuring Uncertainty in Vallue-Added Agriculture: Ethanol Production, Center for Agricultural and Rural Development, Iowa State University.
Republica Federativa do Brazil (2005): *Plano Nacional de Agroenergia*, Republica Federativa do Brazil.
RFA (Renewable Fuels Association) (2006): *From Niche to Nation: Ethanol Industry Outlook 2006*, http://www.ethanolrfa.org/resource/outlook/.
RFA (Renewable Fuels Association) (2007): *Industry Statistic*, http://www.ethanolrfa.org/industry/statistics/.
Richman, S. (2005): The dawn of the Chinese Ethanol Industry, *International Sugar Journal 2005*, Vol.107, No1275, pp158-160.
再生可能燃料利用推進会議(2003):バイオエタノール混合ガソリン等の利用拡大について(第1次報告),環境省地球環境局長諮問会議。
Schmitz, T.G., J.L. Seale and P.J. Buzzanell. (2003): Brazil's Domination of the World Sugar Market, U.S. Department of Agriculture, pp.1-16.
石油連盟(2007):バイオガソリン(バイオETBE配合)の販売について,http://www.paj.gr.jp/paj_info/press/2007/20070419.html.
Shapouri, H., A.J. Duffield and M. Wang (2002): The Energy Balance of Corn Ethanol: An Update, Agricultural Economic Report, USDA, AER-813.
清水純一(2005):ブラジル砂糖産業の展開,平成16年度海外情報分析米州地域食料農業情報調査分析検討事業実施報告書, pp.85-112。
(社)アルコール協会ホームページ(2006年):http://www.alcohol.jp/.
新エネルギー・産業技術総合開発機構(NEDO)(2005):中国におけるバイオマス資源を利用した石油代替エネルギー利用のプロジエクトの実施可能性調査,新エネルギー・産業技術総合開発機構。
Tokgoz. S, etc (2007): *Emerging Biofuels: Outlook of Effects on U.S. Grain, Oilseed, and Livestock Markets*, Center for Agricultural and Rural

## 引用文献

Development, Iowa State University, Staff Report 07-SR 101, 2007.

UNICA (Sao Paulo Sugarcane Agroindustry Union) (2005) : *Sugarcane, Sugar and Ethanol*, http://www.unica.com.br/i_pages/acucar_tipos.asp.

United Nations (2005): *World Population Prospects: The 2004 Revision Population Database*, http://esa.un.org/unpp/index.

Urbanchuk, M.J. (2001): An Economic Analysis of Legislation for a Renewable Fuels Requirement for Highway Motor Fuels, AUS Consultants.

USDA (U.S. Department of Agriculture) (2002a) : *Economic Analysis of MTBE with Ethanol in the United States*, Report for United States Senate.

USDA (U.S. Department of Agriculture) (2002b) : USDA's 1998 Ethanol Cost-of-Production Survey, *Agricultural Economic Report*, No.808, 2002.

USDA (U.S. Department of Agriculture) (2004) : *USDA Baseline Projections to 2013*, OCE-2004-1, pp.30.

USDA (U.S. Department of Agriculture) (2006a): *Ethanol Reshapes the Corn Market*, Amber Waves, http://www.ers.usda.gov/AmberWaves/April06/Features/Ethanol.htm.

USDA (U.S. Department of Agriculture) (2006b) : The Energy Balance of Corn Ethanol: An Update, Agricultural Economic Report Number 814.

USDA (U.S. Department of Agriculture) (2006c) : *USDA Baseline Projections to 2015*, OCE-2006-1.

USDA (U.S. Department of Agriculture) (2007a): *Ethanol Expansion in the United States, How will the Agricultural Sector Adjust?*, FDS-07D-01.

USDA (U.S. Department of Agriculture) (2007b) : *Feed Situation and Outlook Yearbook*, FDS-2007.

USDA (U.S. Department of Agriculture) (2007c) : *USDA Baseline Projections to 2016*, OCE-2007-1.

USDA-ERS (Economic Research Service, U.S. Department of Agriculture), (2006): *Sugar and Sweeteners Yearbook 2006*, http://www.ers.usda.gov/Briefing/Sugar/data.htm.

USDA-ERS (Economic Research Service, U.S. Department of Agriculture), (2007): Sugar and Sweeteners Outlook, http://usda.mannlib.cornell.edu/usda/current/SSS/SSS-05-30-2006.pdf.

USDA-FAS (Foreign Agricultural Service, U.S. Department of Agriculture), (2005): EU-25 Sugar, EU proposes radical sugar reform, http://www.fas.usda.gov/gainfiles/200512/146131717.pdf.

USDA-FAS (Foreign Agricultural Service, U.S. Department of Agriculture), (2006a): *EU-25 Bio-Fuels Annual 2006*, http://www.fas.usda.gov/gainfiles/200609/146249020.pdf.

USDA-FAS (Foreign Agricultural Service, U.S. Department of Agriculture), (2006b): Price Supply & Distribution Views, http://www.fas.usda.gov/psd/intro.asp.
USDA-FAS (Foreign Agricultural Service, U.S. Department of Agriculture), (2007a): *Brazil Sugar Annual Report*, http://www.fas.usda.gov/gainfiles/200504/146119522.pdf.
USDA-FAS (Foreign Agricultural Service, U.S. Department of Agriculture), (2007b): Price Supply & Distribution Views, http://www.fas.usda.gov/psd/intro.asp.
USDA-EIA (Energy Information Administration, U.S. Department of Energy), (2005): *State Energy Data 2001: Consumption*.
USDE-EIA (Energy Information Administration, U.S. Department of Energy), (2006a): *Annual Energy Outlook 2006*, DOE/EIA-0383.
USDE-EIA (Energy Information Administration, U.S. Department of Energy), (2006b): *Annual Energy Review*, DOE/EIA-0384.
USDA-EIA (Energy Information Administration, U.S. Department of Energy), (2006c): *International Energy Outlook 2006*, U.S. Department of Energy, DOE/EIA-0484, 2006.
USDE-EIA (Energy Information Administration, U.S. Department of Energy), (2007): *Annual Energy Outlook 2007*, DOE/EIA-0383.
U.S. General Accounting Office (1990): Alcohol Fuels: Impacts from Increase Use of Ethanol Blended Fuels, Report to the Chairman, Subcommittee on Energy and Power, Committee on Energy and Commerce, House of Representatives.
和田剛, 小林奈穂美 (2007) ：EUにおけるバイオ燃料生産・利用の現状について, 畜産の情報, pp.64-77。
Walter, A. (2002): Notes on Large Scale Production of Wood, Charcoal and Ethanol: the Brazilian Experience and Perspectives for International Trade, Position Paper of Biotrade Workshop, The Netherlands, pp.125-137.
渡部俊作 (2003) ：エタノールをめぐる動向, 輸入食糧協議会会報, pp.58-64。
山地憲治, 山本博己, 藤野純一 (2000) ：バイオエネルギー, ミオシン出版, pp.18-20。
横山伸也 (2001) ：バイオエネルギー最前線, 森北出版, pp.6-8。
吉村進 (2003) ：環境大辞典, 日刊工業新聞, p.378。
財務省 (2006) ：貿易統計2006, http://www.customs.go.jp/.

# あとがき

　筆者が，本書のテーマであるバイオエタノールと世界の食料需給について初めて関心を持ち，研究を始めたのはFAO（国連食糧農業機関）勤務時の2002年頃である。この時に日本大学生物資源学部大賀圭治教授から，テーマ設定から計量経済モデルの構造に至るまで示唆に富む貴重な助言を頂いた。それ以降，農林水産省総合食料局を経て，農林水産政策研究所に至る今日まで大賀圭治教授の御指導を賜りながら研究を行ってきた。本書は筆者が2007年3月に日本大学生物資源科学部より学位の認定を受けた学位請求論文をもとに，加筆と修正を施したものである。研究および公務で多忙を極めているにもかかわらず，大賀教授から懇篤な御指導を賜ったことに対して謹んで深謝申し上げたい。日本大学生物資源科学部小林信一教授，同下渡敏治教授，国連食糧農業機関（FAO）経済社会局柳島宏治氏，日本貿易振興会シカゴセンター山口潤一郎農林水産部長（当時），(独)国際協力開発機構中南米部本郷豊上席主査，(財)日中経済協会調査部高見澤学課長，東京大学大学院農学生命科学研究科鈴木宣弘教授，(独)農畜産業振興機構加藤信夫調査情報部長，同平石康久国際情報審査役補佐，(財)日本エネルギー経済研究所石丸暁嘱託・研究主幹，米国農務省経済研究所（ERS-USDA）アラン・ベーカー上級エコノミスト，全米とうもろこし生産者協会（NCGA）リチャード・トールマン会長，ブラジル農牧供給省アグロエネルギー局アレクサンドロ・ストラパッソン総合調整官の各位には，示唆に富む貴重な情報を頂いた。各位にも厚く御礼申し上げたい。

　筑波書房の鶴見治彦氏には，本書の出版に至るまで様々な面で御指導を賜った。その一方ならぬ御尽力に対して厚くお礼を申し上げたい。

　各章を構成する初出論文等のいくつかは，筆者が国連食糧農業機関（FAO），農林水産省総合食料局，農林水産政策研究所における研究成果として執筆したものである。各章の発出は以下に掲げるとおりであるが，各章

において大幅な加筆と修正を加えた。なお，いずれの初出論文等についても大賀教授より御指導を賜ったことを最後に申し添えたい。

序章　バイオエタノール政策導入の背景と本論文の課題・構成
　書き下ろし

第1章　米国におけるバイオエタノール需給と政策
　「米国における燃料用エタノール政策の動向―とうもろこし需給に与える影響―」(『農林水産政策研究』, No.11, 農林水産政策研究所, 2006年7月, pp.53-72)
　「米国におけるバイオエタノール政策・需給動向」(『砂糖類情報』, No.120, (独) 農畜産業振興機構, 2006年9月, pp.1-7)

第2章　ブラジルにおけるバイオエタノール需給と政策
　「国際砂糖価格と需給に与える要因―ブラジルにおけるエタノール政策・需給動向―」(『砂糖類情報』, No.115, (独) 農畜産業振興機構, 2006年3月, pp.1-9)
　「ブラジルにおけるバイオエタノール政策の動向と課題」(『Techno Innovation』, No.59, Society for Techno-innovation of Agriculture, Forestry and Fisheries, 2006年3月, pp.54-55)

第3章　中国およびその他の国・地域におけるバイオエタノール需給と政策
　第1節　中国におけるバイオエタノール需給と政策
　「中国における燃料用エタノール推進計画の実態と課題―とうもろこし需給へ与える影響―」(『2005年度日本農業経済学会論文集』, 日本農業経済学会, 2006年3月, pp.521-528)

第2節　その他の国・地域におけるバイオエタノール需給と政策
　書き下ろし

第4章　日本におけるバイオエタノール需給と政策
　書き下ろし

第5章　米国および中国におけるバイオエタノール政策の拡大が国際とうもろこし需給に与える影響分析
　（大賀圭治教授との共著）「Impacts of the Chinese Fuel-Ethanol Program on the World Corn Markets: An Econometric Simulation Approach」(The Japanese Journal of Rural Economics, Volume 8, 2006, pp.26-40)

第6章　ブラジルにおけるバイオエタノール輸出量の増大が国際砂糖需給に与える影響分析
　（柳島宏治氏との共著）「Impacts of the Brazilian Ethanol Program on the World Ethanol and Sugar Markets: An Econometric Simulation Approach」(The Japanese Journal of Rural Economics, Volume 7, 2005, pp.61-77)
　「The Brazilian Ethanol Programme: Impacts of the Brazilian Ethanol Program on the World Ethanol and Sugar Markets」(International Sugar Journal, Volume CVII, Issue No.1275, 2005, pp.167-177)

終章　バイオエタノール政策の国際的展開と国際食料需給に与える影響についての考察
　書き下ろし

著者紹介
小泉達治(こいずみ　たつじ)

[略歴]
農林水産省農林水産政策研究所主任研究官　博士(生物資源科学)
1969年石川県生まれ。筑波大学第2学群農林学類(現生物資源学類)卒業後、農林水産省入省。以降、経済企画庁(現内閣府)、総合食料局、米国農務省経済研究所(USDA-ERS)客員研究員、国連食糧農業機関(FAO)エコノミスト等を経て現職。
著書に「The Brazilian Ethanol Program: Impacts on World Ethanol and Sugar Market」(Sustainability, Market and Policies, OECD, 2004) があるほか論文多数。


バイオエタノールと世界の食料需給

2007年 9月25日　第1版第1刷発行
2007年12月15日　第1版第2刷発行

　　　　　著　者　小泉達治
　　　　　発行者　鶴見治彦
　　　　　発行所　筑波書房
　　　　　　　　　東京都新宿区神楽坂2-19 銀鈴会館
　　　　　　　　　〒162-0825
　　　　　　　　　電話03(3267)8599
　　　　　　　　　郵便振替00150-3-39715
　　　　　　　　　http://www.tsukuba-shobo.co.jp
　　　　　定価は表紙に表示してあります

印刷／製本　平河工業社
©Tatsuji Koizumi 2007 Printed in Japan
ISBN978-4-8119-0320-0 C3033